직감하는
양자역학

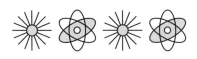

직감하는
양자역학

우주를 지배하는 궁극적 구조를
머릿속에 바로 떠올리는 색다른 물리 강의

마쓰우라 소 지음 | **장형진** 감수 | **전종훈** 옮김

보누스

고전물리학을 넘어
직감적으로 양자를 이해하는 법

고개를 들어 주위를 둘러보자. 나는 전철 안에서 원고를 쓰는 일이 많아서 지금도 전철 안에서 키보드를 두드리고 있는데, 내 주변에서는 손잡이가 흔들리고 있고, 깡통이 굴러다니고, 동아리 활동을 마치고 귀가하는 것으로 보이는 학생들이 웃으며 이야기를 나누고 있다. 세상에는 여러 일이 매일 일어나지만, 책을 쓴다고 해서 세상 그 자체가 변하는 것도 아니다. 내 주변의 세상은 오늘도 평소와 같다. 그야말로 평범한 일상이다. 독자 여러분의 주변도 분명히 이와 비슷할 것이다. 여기서 약간 이상한 질문을 하나 던져보겠다.

지금 보고 있는 세상은 정말 세상의 실체일까?

'엉뚱한 책을 들고 말았구나…….'라며 책을 덮으려고 한다면 잠시만 기다려달라! 놀라지 말길 바란다. 열병에 들뜬 젊은이가 엉겁결에 내뱉은 것 같은 이 의문이 사실은 현대물리학의 핵심 가운데 하나다. 그리고 물리학은 무척이나 진지하게 이렇게 답한다.

보고 있는 세상은 세상의 실체가 아니다.

이것은 결코 과장이나 선동이 아니며, '물체는 무엇으로 이루어져 있을까?'라는 물음을 계속 탐구해 온 인류가 도달한 섭리, 즉 '양자'가 따르는 법칙 가운데 하나다. 마이크로(미시) 세상에 사는 양자는 세상의 근본임에도 불구하고, 우리가 직감적으로 그리는 세상과는 완전히 다른 법칙을 따라 움직이는 것 같다.

이를 이해하는 힌트는 의외로 가까운 곳에 있다. 이 책을 예로 들어보자. 여러분은 지금 분명히 이 책을 보고 있지만, 여러분이 보는 이 책이 '책의 실체'가 아니라고 하면 놀랄 것이다. 하지만 이 말은 틀림없는 사실이다.

우리는 책을 어떻게 보는 것일까. 책에서 반사된 빛이 눈에 들어오면, 망막에 분포한 시각세포가 그 빛에 반응해서 전기신호를 만들어 뇌로 보낸다. 뇌가 그 신호를 처리해서 우리 눈에 보이는 책의 모습을 만들어내는 것이다. 즉 우리 눈에 보이는 책은 사실 가상 현실이다. 책으로부터 가져오는 것은 시각 정보만이 아니다. 손가락이 페이지를 넘길 때 발생하는 압력 정보와 그때 발생하는 소리 정보, 책에서 나오는 접착제의 성분 정보를 각각 촉각, 청각, 후각으로 인식해서 전기신호로 변환해 뇌에 전달한다. 사람의 뇌는 여러 감각기에서 들어오는 모든 전기신호가 서로 맞아떨어지게 '책이라 불리는 물체의 상상도'를 구축한다. 책의 존재에서 현실감을 느끼는 것은 이런 상상도가 오감으로 얻은 정보와 모순되지 않기 때문이다.

이것은 우리가 인식하는 모든 것에 적용할 수 있다. 절대로 극단적인 이야기가 아니다. 우리는 처음부터 '세상의 실체'를 보고 있는 것이 아니다. 보고 있다고 생각하는 모든 것은 오감으로 처리한 '측정'과 모순되지 않게 구성한 **세상의 상상도**다.

어쩌면 이렇게 생각할 수도 있을 것 같다. "뭐, 확실히 그럴지도 모르지. 하지만 뭔가가 있으니까 그대로 보이는 거 아냐? 그렇다면 보이는 물체는 거기에 있는 물체의 진짜 모습이라고 생각해도 문제없잖아."

당연한 이야기다. '보이는 책'은 감각기관과 뇌가 만들어낸 상상의 산물일지 모르지만, 거기에 우리가 책이라 부르는 무언가가 없다면 해당 물체가 보일 리 없다. 본인이 보는 책이 다른 사람 눈에는 보이지 않는다면 여러 의미에서 문제가 되겠지만, 아무래도 다른 사람 눈에도 같은 책이 보이는 것 같다. 만일 오감을 믿을 수 없다면 기계를 사용해도 상관없지만, 정확도가 달라질 뿐 결과는 달라지지 않으며, 누가 관측해도 같은 것이 보일 것이다. 그렇다면 현실적인 문제로 '보이는 세상은 정말 세상 그 자체일까? 음, 생각해도 답은 나오지 않고, 보이는 것을 그대로 세상이라고 생각해도 불편한 것은 없으니까, 그걸로 됐잖아.'라고 생각해도 아무 문제없을 것 같다는 생각이 들기도 한다.

그렇지만 이런 순수한 세계관이 통하던 시절은 20세기 전반에 양자가 발견되면서 끝났다. 본문에서 상세하게 설명하겠지만, 양자라는 녀석은 위치와 속도조차 정할 수 없다. 위치와 속도는 우리가 직감적으로 세상을 인식하는 근간이다. 이를 사용해서 표현할 수 없는 '양자'를 우리의 통상적인 인식 틀에 수용하는 것은 상당히 무리가 있는 작업이다.

한 가지 예를 들어보자. 이 책을 테이블 위에 두고 눈을 감아본다. 물론 책은 보이지 않을 것이다. 하지만 그렇다고 해서 '책이 사라졌다!'라며 소란을 피우지는 않을 것이다. 단순히 시야에서 사라진 것뿐이기 때문이다. (누군가가 장난을 치지 않는 한) 눈을 떴을 때 책이 전과 같이 테이블 위에 있는 것이 증거다. 하늘을 바라보면 태양과 달이 언제나 거기에 있는 것처럼 세상은 우리가 보든 보지 않든 변함없이 거기에 존재하며, 우리가 보려고 하면 언제라도 있는 그대로의 모습을 보여준다. 이것이 우리가 계속 믿어온 상식이다.

　하지만 양자는 다르다. 마이크로 세상에서는 어떤 순간에 무언가가 보이더라도 다음에 봤을 때 같은 것이 예상했던 곳에서 보인다고는 단정할 수 없다. 예를 들어 책을 테이블에 두고 눈을 감은 후, 다시 눈을 떴을 때 누군가가 만지지 않았더라도 테이블 아래에 떨어져 있거나, 부엌에 가 있거나, 한 층 아래에 있거나 하는 식으로 발견되는 장소가 제각각인 일이 벌어지는 것이다. (물론 책처럼 큰 물체라면 이 정도로 극단적인 일은 일어나지 않으므로, 어디까지나 예일 뿐이지만) 양자는 본질적인 의미에서 위치가 정해지지 않으며, '본다'라는 행위가 있을 때 비로소 그 위치를 확정할 수 있다. 믿기 어렵겠지만, 양자 세상에서는 '존재하는 것'과 '보이는 것'이 같을 수 없다.

　'모르겠다! 무슨 말을 하는 거야?'

　아마 이것이 솔직한 감상일 것이다. 지극히 당연한 반응이며, 양자를 다루는 학문인 양자역학에는 이런 '모르겠다.'라는 말이 항상 따라다닌다. 인간은 직감적으로 이해할 수 없는 것을 어렵다고 느끼는 생물이다. 직감적인 이해에서 멀리 떨어져 있는 양자론은 인간에게 아무래도 이해하기 어려운 대상이다.

그렇게 찜찜한 양자이지만, 그런 인상과는 달리 자연현상을 예측하기 위한 프로세스 자체는 확실하게 만들어져 있다. '양자역학'이라 불리는 방법론을 따라 수학의 도움을 빌린다면, 마이크로 세상의 현상을 올바르게 예측할 수 있다. 양자역학을 이용해 플래시 메모리와 같은 반도체 기술부터 MRI와 같은 의료 기술에 이르기까지 여러 과학기술을 개발했고, 우리 생활을 풍요롭게 만들고 있다. 과학의 목적은 진리 탐구와 같은 애매한 것이 아니라, 현실 세계를 합리적·정량적으로 설명하는 것이다. 애매함 없이 계산을 실행한 결과가 자연현상과 맞아떨어진다면, 양자역학은 자연과학으로서 완전하게 올바른 체계라고 할 수 있다.

어쩌면 이렇게 생각할 수도 있을 것이다. '양자역학이 올바를지도 모르지만, 그런 성가신 사정은 마이크로 세상의 이야기잖아. 우리가 평소에 보는 것은 매크로(거시) 세상이니까 관계없잖아.'

기분은 알겠지만, 아쉽게도 잘못된 생각이다. 이것도 본문에서 상세하게 설명하겠지만, 관계없는 것이 아니라 지금 우리가 보는 풍경은 양자를 전제로 해야만 성립한다. 예를 들어서 빛이 양자가 아니라면 밤하늘의 별은 보이지 않는다. 전자가 양자가 아니라면 이 세상에 '색'은 존재하지 않는다. 모든 것이 양자가 아니라면 우리 몸도 지구도 사라져버린다. 양자라는 것은 놀랄 만큼 가까운 존재라서, 말하자면 옛날부터 쭉 우리 눈앞에 그 모습을 드러내고 있었다. 세상이 지금 모습을 띠게 된 것과 세상의 토대가 양자라는 사실은 뗄 수 없을 만큼 밀접한 관계가 있다. 직감적인 이해를 허용하지 않고 계산하려면 고도의 수학이 필요하지만, 세상을 알고 싶다면 양자를 피해갈 수는 없다. 정말 곤란한 일이다. 여기서 필자의 지론을 소개하겠다.

직감은 기르는 것이다.

예를 들어서 여러분이 초등학생이던 시절, 간단한 덧셈조차 힘들어했던 기억이 있지 않은가? 하지만 지금은 한 자릿수 덧셈을 아무렇지도 않게 암산으로 처리할 수 있고, 32+43=30처럼 잘못된 식을 보면 계산하지 않더라도 '어?'라고 느낀다. 예전에는 어려웠던 계산인데 지금은 거의 직감적으로 답에 도달한다면, 이는 분명 자신이 수긍할 때까지 올바른 계산을 반복했다는 증거다. 이렇게 '수긍'하는 순간이 중요하다. 이때가 뇌 안에서 '회로'가 구축된 순간이다. 덧셈에 직감이 작용한 것은 경험을 충분히 쌓아서 '덧셈 회로'가 뇌 안에 만들어졌기 때문이다. 타고난 뇌의 기능이 아니라, 올바른 경험을 쌓아서 얻은 것이다.

이는 단순히 책상 위에서 하는 일에만 성립하는 것이 아니다. 공을 던지는 일도 좋은 예가 된다. 공놀이에 익숙하지 않은 아이가 공을 던지는 모습을 보면 어딘가 서툴게 보인다. 던지는 본인도 뭔가 잘 안된다고 느끼는 것처럼 보인다. 어른은 어떻게든 던질 때의 감각을 전해주려 하지만 좀처럼 잘 안된다. 하지만 올바른 자세로 반복해서 던지다 보면, 몸 안에서 뭔가가 이어지는 순간이 찾아온다. 일단 그렇게 되면 끝난 것이다. 점점 잘 던지게 돼서 어른도 "그거야!"라며 환호하고, 문득 원래부터 잘했던 것이라 착각하기도 한다. 그렇게나 몰랐던 '공 던지기'라는 감각이 '투구 회로'가 구축된 후에는 직감적으로 알게 되는 것이다. 공 던지기도 올바른 경험을 쌓아서 얻을 수 있는 능력 중 하나다.

이처럼 직감이 작용하려면 토대가 되는 회로가 필요하며, 회로를 만들려면 올바른 방향으로 경험을 반드시 쌓아야 한다. 거꾸로 말하자면 무언가 새로운 것을 직감적으로 모르겠다고 느낀다면, 그것을 이해할 수 있는 회로가 자기 안에 구축되지 않았다는 뜻이다. 예전에 덧셈이나 공 던지기가 그러했듯이, 올바른 경험을 충분히 쌓으면 몸에 회로가 새겨져서 추상적인 개념을 마치 실재하는 것처럼 느낄 수 있다. 이것이 바로 직감이다. '직감은 기르는 것'이라 말한 의미를 이해했으리라 생각한다.

다시 양자로 돌아가자. 확실히 양자에 관해서는 직감이 작용하지 않는다. 우리가 상식적으로 지닌 직감을 지탱하는 회로는 육체의 오감을 이용해 획득한 경험으로 길러지기 때문이다. 이런 경험을 뒷받침하는 것은 양자역학이 아니라 고전물리학이다. 고전물리학으로는 양자역학을 설명할 수 없으므로, 오감으로 획득한 지식과 경험을 아무리 '알기 쉽게' 사용해서 양자를 아무리 직감적으로 이해하려 해도 절대로 불가능하다. 그렇다면 양자를 이해하기 위해서는 어떻게 해야 할까? 여기까지 오면 답은 하나뿐이다. **수긍할 때까지 올바르게 경험을 쌓아야 한다.** 이것뿐이다. 내가 이 책을 쓴 것도 이 과정의 첫걸음을 위해서다.

이 책에서는 우선 우리의 일상적인 세계관이 얼마나 깊이 고전물리학에 뿌리내리고 있으며, 양자가 고전물리학에서 얼마나 떨어져 있는지를 분명히 하기 위해 뉴턴역학의 토대를 받치는 견해를 설명한다.

그런 후에 양자를 발견한 역사를 돌아보고, 일상적으로 눈에 보이는 자연현상의 여기저기에 몰래 모습을 드러낸 양자에 주목해 보고자 한다. 이런 지식으로 조금씩 일상에서 양자를 발견할 수 있을 것이다. 이 또한 직감을 기르는 경험의 일부다.

그다음에는 본격적으로 양자역학에 관해 이야기한다. 양자의 가장 큰 특징인 '불확정성'에 주목해서, 양자를 표현하려면 무엇이 필요한지를 보여준다. 그 결과 도달한 역학이 바로 오늘날 '양자역학'이라 불리는 체계다.

사실 양자를 표현하는 방법은 한 가지가 아니다. 하이젠베르크의 행렬역학, 슈뢰딩거의 파동역학, 파인먼의 경로적분 등 다양하다. 보기에는 다르지만, 이것들은 모두 같은 예측 능력으로 양자를 올바르게 기술한다. 같은 산을 보더라도 여러 각도에서 바라보는 경험을 쌓아야만 비로소 아름다운 산의 전체 모습을 조감할 수 있는 것처럼, 여러 각도에서 '관측'하는 경험을 쌓아서 '양자'의 모습을 마음속에서 그릴 수 있다면 대성공이다. 이런 과정에서 우리를 둘러싼 물질의 실체는 고전물리학으로는 파악할 수 없으며, 양자를 알아야만 한다는 사실을 깨닫게 될 것이다.

책 후반에서는 양자의 가장 본질적인 특성인 중첩과 양자 얽힘에 주목해 양자가 시공을 초월해서 서로 영향을 미친다는 놀라운 사실을 이야기한다. 이 특성은 '양자 계산'이라는 형태로 바로 지금 과학 기술계에서 응용하려고 시도하는 중이다. 양자 계산을 실행하는 양자컴퓨터가 실현된 지금, '양자 경험'이 만들어내는 새로운 직감 회로는 점점 더 당연한 것이 될 것이다. 그런 미래의 세계관을 응시하며 이 책을 마무리할 것이다.

이 책에서는 가능한 한 쉬운 말과 비유로 설명하지만, 올바른 경험을 쌓는 데 필요하다면 수학을 일부러 피하지는 않을 것이다. 앞서 말한 바와 같이 현재 이해하는 경험과 인식을 아무리 사용하더라도 결코 양자에는 도달할 수 없기 때문이다. 그렇다고 해도 계산 자체는 중학생이라도 알 수 있는 수준이므로 안심하길 바란다. 수학이나 수식은 사고방식을 농축한 것이다. 가끔 등장하는 간단한 계산으로 그 배후에 있는 사고방식을 소개하는 것이 목적이다. 이 역시 배움에 해당하므로, 농축된 사고를 접하는 경험이 촉매가 돼 '아, 그런 것이었구나!'라고 깊게 이해할 수 있을 것이다.

양자가 발견되고 100년 정도가 지난 지금, 우리는 양자역학을 기반으로 한 과학기술에 둘러싸여 살고 있다. 양자를 단순히 '이상하다.'라고 생각하기만 하던 시절은 이제 곧 끝난다. 이 책이 '양자는 당연한 것'이라 여기는 시대로 가는 데 도움이 된다면 좋겠다. 장황한 이야기는 여기까지만 하고 본론으로 들어가자. 시작은 우리에게 익숙한 일상 세계다.

차례

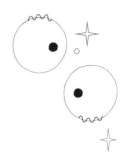

제7장 양자는 시공을 초월하여

제1장

고전 물리의
세계관

"자연은 매우 단순하고, 따라서 매우 아름답다."

- 리처드 필립 파인먼

다시 주변을 둘러보자. 역시나 오늘도 세상은 평소와 같다. 하지만 주의 깊게 보면, 이 세상에 완전히 같은 일은 두 번 다시 일어나지 않는다. 오늘 보이는 깡통은 어제 본 깡통과는 다르게 굴러다닌다. 동아리 활동을 마치고 돌아가는 학생은 오늘 보이지 않는다. 모든 것은 일생에 단 한 번뿐인 일이다. 눈앞에서 일어나는 사건은 모두 처음 보는 것뿐이다. 그런데도 '평소와 같이'라고 말할 수 있는 것은 그 사건들 사이에서 '규칙성'을 찾을 수 있기 때문이다.

실제로 우리 주변의 사건은 마구잡이로 일어나는 것이 아니다. 높은 곳에 있는 물체는 아래로 떨어지고, 물체끼리 충돌하면 서로 튕겨내는 것처럼 반드시 일정한 규칙성을 지닌다. 눈앞의 깡통은 전철이 흔들리기 때문에 굴러가지만, 갑자기 튀어 오르거나 변형되면서 노래를 부르지는 않는다. 다른 물체도 마찬가지라서 전부 우리에게 익숙한 움직임을 보여준다. 우리가 '평소와 같은 사건'이라고 부르는 것도 더 정확하게 말하자면 '평소와 같은 패턴을 보여주는 사건'이다. 이처럼 우리는 주변에서 일어나는 현상에 일정한 규칙성이 있다는 것을 무의식중에 배우고 그것을 모두와 공유한다. 이렇게 공유한 규칙성이야말로 상식이자 자연관의 근원이다.

그렇다고 해도 우리는 평소에 이런 규칙성을 특별하게 의식하지 않는다. 고작해야 '그런 거지. 당연하잖아.'라는 정도다. 이것은 주변 사람들과 교류하면서 정도의 차이는 있지만, 모두 대체로 본인과 같은 인식을 공유하고 있다는 것을 알기 때문에 굳이 파고들 필요가 없어서다. 이미 충분하게 확인했다고 생각하므로, 새삼스럽게 의식할 필요성을 느끼지 않는 것이다.

하지만 한번 신경 쓰면 계속 신경 쓰는 것이 인간의 본성이다. '이 규칙은 어느 정도로 규칙적일까?'라고 신경 쓰면 조사해 보고 싶어지는 법이다. 그럴 때 효과적인 것이 자연계의 사건을 추출해서 조절 가능한 환경에서 반복하는 '실험'이다. 실험은 우발적으로 발생하는 사건을 멍하게 바라보는 상황과는 달라서, 조사하고 싶은 사건에 집중할 수 있으며 일상과는 비교할 수 없을 정도로 많은 정보를 얻을 수 있다. 물론 '별이 반짝이는 모습'처럼 실험할 수 없는 사건은 관측에 의지할 수밖에 없지만, 그렇더라도 주목하는 사건을 의식적으로 관측하고 기록하면 규칙성을 읽어내는 정밀도가 현격히 높아진다. 이렇게 얻은 정교한 규칙성을 '법칙'이라 부른다.

'뭐야, 법칙이라고 대단한 것처럼 말하지만, 상식적인 경험보다 아주 약간 더 정밀한 것뿐이야?'라고 생각할 수도 있다. 사실 절반은 맞고 절반은 틀린 생각이다. '물체를 손으로 밀면 반드시 같은 크기의 힘만큼 손이 밀린다.'(작용 반작용의 법칙)처럼 경험으로 배운 것이 법칙과 딱 맞아떨어지기도 하고, '물체는 무게와 관계없이 일정한 가속도로 낙하한다.'(낙하운동 법칙)처럼 직감과 법칙이 다른 사례도 있다. (경험상으로는 무거운 물체가 빨리 떨어질 것 같지 않은가?) 이렇게 경험을 바탕으로 한 규칙과 법칙이 모순되면 어느 쪽을 우선시해야 할지는 분명하다.

이런 경우에는 경험을 바탕으로 한 규칙을 수정해야 한다. 예컨대, 아리스토텔레스가 살던 시대에는 '물체는 힘을 계속 가하지 않으면 멈춘다.'를 운동 법칙으로 믿었지만, 오늘날 어느 정도 지식이 있는 사람이라면 거의 직감적으로 '마찰이 작용해서 멈춘다.'라고 이해한다. 직감이 관성의 법칙에 맞게 수정된 것이다. 이것도 또한 머리말에서 언급한 직감을 기른 사례다.

주변의 온갖 사건을 이런 식으로 탐구해서 축적한 결과가 19세기 무렵에 대략 갖춰졌다. 이는 평소 우리가 접하는 사건을 지배하는 법칙들이다. 바로 '고전물리학'이라고 불리는 일련의 법칙들이다. 우리가 일상에서 규칙성을 느끼는 것은 자연계 자체가 고전물리학 법칙에 따라 움직이기 때문이다. 우리가 공유하는 규칙성, 더 나아가 우리가 마음속에 지닌 상식적인 세계관은 고전물리학이라는 정밀과학으로 뒷받침되기 때문에 특별히 의식하지 않더라도 안심하고 사용할 수 있다.

이 내용은 구체적인 예를 드는 편이 이해하기 쉬우므로, 대표적인 예로 물체의 운동에 초점을 맞춰보자. 사람에 따라서는 당연한 것을 장황하게 설명한다고 느낄 수도 있겠지만, 이 또한 양자를 이해하는 데 필요한 포석이므로 잠깐만 참아주길 바란다.

위치란 무엇인가?

한마디로 '물체의 운동'이라고 해도 물체는 형태를 띠므로 회전하거나 변형하는 등 그 움직임이 상당히 복잡하다. 이런 경우의 철칙은 단순화, 즉 가능한 한 간단한 상황을 생각하는 것이다.

물체를 잘게 나눠서 작은 조각으로 쪼갰다고 생각해 보자. 이 조각을 더 작게 극한까지 쪼갠다고 하면, 마지막에는 크기도 형태도 무시할 수 있을 정도로 작은 '점 상태의 어떤 것'에 도달할 것이다.

물론 '진정한 의미에서 크기가 0인 물체가 존재할까?'라는 철학적인 문제가 남아 있지만, 어디까지나 현실 노선을 관철해서 '형태도 크기도 의미 없을 정도로 작다면 그것은 이미 실질적으로 점으로 간주해도 상관없을 것이다.'라고 일단 밀고 나가겠다. 다만 실체까지 없어져 버리면 곤란하므로, 질량만은 남아 있다고 하자. 이런 극한적인 가상 물체를 '질점'이라 부른다.

질점은 단순하다. 애초에 형태와 크기가 없으므로 그 운동은 위치가 이동하는 것뿐이다. 그리고 통상적인 물체는 질점의 집합으로 간주할 수 있으므로 회전이나 변형은 '물체를 구성하는 질점의 위치 관계가 변화하는 현상'이라고 바꿔 읽을 수 있다. 그러므로 질점의 움직임을 조사하면 물체의 회전과 변형을 포함한 어떤 물체의 움직임이라도 원리적으로 알 수 있다. '질점의 운동을 생각한다.'라는 단순화를 통해 물체의 운동을 현격히 잘 파악할 수 있다.

질점의 운동은 위치의 변화라고 설명했는데, 여기서 약간 당연한 질문을 해보겠다. 위치란 무엇일까? 잘 생각해 보면 상당히 어려운 질문이지 않은가? 실제로 '위치'라는 개념을 언어로만 규정하려고 하면, 어느 정도 복잡함을 피할 수 없다. 물론 그것도 재미는 있겠지만, 그것과는 달리 매우 현실적인 답도 있다. 바로 측정하는 것이다.

예를 들어서, 방 안에 질점이 있다고 하자. 그 위치는 방구석에서 세로 방향으로 몇 미터, 가로 방향으로 몇 미터, 높이가 몇 미터라는 식으로 세 가지 숫자를 자로 측정하면 정해진다. 통상적인 물체라면 크기가 있으므로 측정값은 범위를 가지지만, 질점은 크기가 없으므로 그럴 염려가 없다. 세 숫자는 각각 한 가지 수치로만 정해진다.

세 숫자를 조합해서 표시하는 개념을 '3차원 벡터'라고 부른다. 수학적인 의미에서 벡터라고 하려면 좀 더 제대로 논의해야 하지만, 세세한 것은 넘어가도록 하자. 원래 개념에 불과했던 '위치'를 3차원 벡터라는 수학적인 표현으로 나타낸 것이다. 질점은 위치가 시간에 따라 변화하므로, '질점의 운동'이란 3차원 벡터의 시간적 변화라고 표현할 수 있다. 이것이 바로 고전역학의 금자탑인 뉴턴역학에 근거해서 물체의 운동을 생각할 때 출발점이 된다.

거창하게 들릴 수도 있지만, 이것이 물리와 수학의 접점이다. 원래 '물체의 위치와 그 변화'라는 것은 물리적(또는 철학적)인 개념이었다. 그것을 '자와 같은 기구를 사용해서 장소를 측정한다.'라는 암묵적인 양해하에서 '3차원 벡터의 시간 변화'라고 표현했다. 개념을 숫자로 표현한 순간,

그것을 다루는 도구가 자연언어에서 수학으로 바뀐 것이다. 벡터를 다루는 수학은 선형대수학이고, 수의 연속적인 변화를 다루는 수학은 해석학이다. 결과적으로 선형대수학과 해석학이 뉴턴역학을 잘 사용하기 위한 도구가 된다. 세상이 벡터로 돼 있는 것은 아니다. 다만 **우리 인간이 세계를 벡터로 표현한 것**이다.

빠르기란 무엇인가?

다시 질점에 관해 이야기해 보자. 물체의 운동이란 '어디에서 어느 정도의 빠르기로 움직이는가'로 나타내므로, 위치와 마찬가지로 '속도'도 중요한 요소다.

속도 역시 일상에서는 아무렇지도 않게 인식하지만, 막상 언어로 설명하려고 하면 쉽지 않은 개념이다. 여기서도 속도를 측정한다는 현실적인 접근법을 채택하겠다.

속도란 위치가 변화하는 빠르기이므로 일정한 시간(1초간이라고 하자.)에 위치가 몇 미터 변화하는지로 나타내는 것이 손쉽고 빨라서 편리하다. 예컨대, 어떤 시각에 10m의 위치에 있던 질점이 5초 후에 60m의 위치에 있다고 하면, 위치 변화는 50m가 된다. 이것이 5초간 일어났으므로 속도는 10m/s가 된다.

그런데 5초는 상당히 긴 시간이다. 만약 축구 선수가 움직인다면, 5초간 많은 속임수 동작을 할 수 있으므로 공의 속도도 급격하게 변한다. 앞에 나온 10m/s라는 수치는 그런 속도의 평균값일 뿐이다. 그러므로 속도를 정밀하게 측정하려면, 가능한 한 짧은 시간 간격으로 계산하는 편이 좋다.

물론 그렇게 하려면 약간 곤란한 문제가 발생한다. 앞의 계산에서 본 것처럼 속도를 측정하려면 위치가 변해야 한다. 그런데 측정하는 시간 간격을 바꾸면 '평균적인 빠르기' 값도 바뀌므로 100% 정확한 값을 얻을 수가 없다.

그렇다고 해서 가장 정확한 속도를 얻을 수 있을 것 같은 '시간 간격 제로' 상황이라면, 애초에 위치 변화도 없으므로 속도를 측정할 수 없다. 곤란한 상황에 직면한 것이다.

이 문제는 수식을 사용하면 더 구체적으로 표현할 수 있다. 뭔가 대단한 것 같지만 실상은 시각 t초에서의 위치를 $x(t)$로 표현한 것뿐이다. 이 기호를 사용하면 0초 시점에서 Δt초 사이의 평균 속도는 $[x(\Delta t) - x(0)] \div \Delta t$이다. (앞의 사례라면 $x(0)=10\text{m}$, $x(\Delta t)=60\text{m}$, $\Delta t=5\text{s}$이다.) 이때 Δt가 유한한 값이고 Δt를 바꾸면 평균 속도도 달라진다. 그렇다고 해서 가능한 한 정확한 '시각 제로에서의 속도'를 구하기 위해 $\Delta t=0$으로 하면, $x(\Delta t) - x(0)$을 Δt로 나누었을 때 식이 $0 \div 0$이라는 의미 없는 식이 돼버린다. 즉 어떻게 해도 평균 속도 값이 정해지지 않을 것처럼 보이는 것이 이 문제의 본질이다. 과연 속도는 위치와 달라서 근사적인 개념에 불과한 것일까?

더는 엡실론·델타 논법 때문에 울지 않는다

　이런 걱정은 기우에 불과하므로 걱정할 필요가 없다. 잘 생각해 보면 속도도 위치처럼 딱 하나의 수치로 정할 수 있다는 점을 알 수 있다. 그 열쇠는 '제로는 음수가 아니지만, 어떠한 양수보다도 작은 상태다.'라는 당연한 사실에 있다.

　각자의 개인적인 감각이라도 괜찮으니 이것보다 작은 간격은 사실상 제로라고 간주할 수 있는 길이를 생각해 보자. 참고로 필자의 감각으로는 0.1mm 정도다. 필자는 1m와 1.0001m의 차이는 무시해도 좋다고 생각한다. 속도도 마찬가지다. 속도란 1초간에 이동한 거리이므로, 필자에게는 초속 1m와 초속 1.0001m가 사실상 같은 빠르기다. 이 내용을 염두에 두고 앞에 나온 Δt를 점점 작게 만들어보자.

　시간 간격이 짧아지면 그사이에 움직일 수 있는 거리가 짧아질 뿐만 아니라, 순간 이동과 같은 움직임을 하지 않는 한 급격한 거리 변화도 점점 일어나기 어려워진다. 축구를 예로 들어보자. 5초라면 1m가 넘는 구간에서 속임수 동작을 할 수 있지만, 축구공이 연속적으로 움직인다는 사실 때문에 0.1초라면 가능한 속임수 동작 구간도 불과 몇 cm에 그치는 것과 같다. 물론 유한한 시간 간격에서 측정하므로 Δt를 바꾸면 평균 속도가 변하지만, Δt가 작아질수록 평균 속도의 변화 폭은 작아진다. Δt가 아주 작아지면 그 변화폭은 언젠가 반드시 필자가 생각하는 '사실상 변화가 없다고 간주하는 폭'인 초속 0.1mm를 밑돌 것이다. 그렇게 되면 필자에게는 평균 속도가 하나의 수치로 결정되는 것과 같다.

여기까지 들으면 '하나의 값으로 정했다고 해도 그것은 마음대로 정한 0.1mm라는 기준 안에서만 통하는 것이지 않은가?'라고 생각할 수도 있을 것이다. 하지만 만일 더 엄격한 기준을 가진 사람이 있다고 해도 Δt를 점점 작게 만들면 언젠가 반드시 변화폭은 그 기준 안에 들어간다. 즉 아무리 작은 양수(ϵ. 엡실론)를 기준으로 설정해도 그 기준에 맞춰서 충분히 작은 시간 폭(δ. 델타)을 준비해서 그것보다 작은 Δt를 생각하면, 평균 속도의 변화 폭은 틀림없이 기준으로 삼은 양수 e보다 작게 만들 수 있다. 다시 말하지만, 제로란 '어떤 양수보다도 작지만, 음수가 아닌 상태'다. 그러므로 평균 속도의 변화 폭은 분명히 이 조건을 만족하는 하나의 값으로 정해진다. 즉 Δt가 제로에 극한으로 가까워지면 변화폭은 엄밀히 말해서 제로이고, 평균 속도는 완전히 확정된 하나의 값으로 정해진다. 이것이 '속도'다.

여담이지만, 여기서 소개한 사고방식을 '엡실론·델타 논법'이라고 한다. 단순하지만 깊이가 있는 사고방식이라서 많은 사람이 이해하면 좋겠다고 항상 생각한다.

변화의 빠르기라는 사고방식

앞에서 본 것과 같이 '속도가 v다.'라는 것은 간단히 말하면 '엄청나게 짧은 시간 Δt 사이에 위치가 $v\Delta t$만큼 변화한다.'라는 의미다. 이것은 $v \simeq [x(\Delta t) - x(0)] \div \Delta t$라는 식을 변형하면 $x(\Delta t) \simeq x(0) + v\Delta t$가 되는 것을 봐도 알 수 있다. 위치로 속도를 결정하는 이런 조작을 '미분'이라 한다.

미분은 범용성이 매우 큰 개념이다. 일반적으로 함수 $f(x)$의 변수 t가 Δt만큼 변화해서 $t+\Delta t$가 되었을 때, 함숫값이 $f'(t) \times \Delta t$만큼 변했다면 $f'(t)$를 $f(t)$의 미분이라 한다.[1] 이처럼 미분이란 **변화의 빠르기**를 나타내는 개념이다. 속도란 글자 그대로 위치 변화의 빠르기이므로 위치의 미분이다. 뭔가 변화하고 있을 때 그 변화의 빠르기를 알고 싶은 상황은 많이 있다. 예컨대, 주식을 거래할 때 주가가 얼마나 빠르게 움직이는지는 매우 중요한 정보다. 그런 상황에 미분이 등장하는 것은 당연한 흐름이다. 미분이라는 단어를 사용할지 어떨지는 취향의 문제이지만, '변화의 빠르기'라는 사고방식은 중요하다. 이 책의 뒷부분에서도 매사의 변화를 언급하는 부분이 있는데, 그때도 '변화의 빠르기'라는 사고방식을 사용한다. 만일 그 부분에서 어렵게 느껴진다면 여기서 한 설명을 떠올리길 바란다.

조금 전의 미분 조작을 다시 떠올려보면, 시간 간격 Δt를 한없이 작게

---

1 식으로 쓴다면 $f(t+\Delta t) \simeq f(t) + f'(t)\Delta t$다. f'은 에프 프라임(prime)이라고 읽는다.

만드는 것을 대전제로 함을 눈치챘을 것이다. 시간이 연속적이라는 것을 암묵적으로 가정하고 있기 때문이다. 물론 현실적으로는 측정할 수 있는 시간 간격에 한계가 있으므로, 이것도 질점처럼 '측정할 수 없을 정도로 짧은 시간이라면 시간이 흐르지 않았다고 생각해도 상관없다.'라고 하는 '뻔뻔함'의 산물이다. 그렇다고 해서 결코 생각하는 일을 포기하지는 않았다. 과학에서 중요한 점은 현실을 설명하는 것이다. 현실적인 가설을 세우면 수학의 편리한 기술을 사용할 수 있고, 그 결과가 현실과 일치하면 그 가설이 틀림없다고 판정할 수 있다.

이런 사고방식은 과학의 기본이다. 미분이나 그 반대 조작인 적분은 뉴턴 자신이 만든 운동 법칙을 해석하는 데 필요해서 만든 지극히 실용적인 기술이다. 만약 이 책을 고등학생이 읽고 있다면, 부디 위치·속도·가속도가 미분·적분으로 이어져 있는 것을 의식하면서 이치에 맞는 진짜 물리학을 공부하길 바란다. 그렇게 하면 수업 내용을 꿰뚫어보며 잘 이해할 수 있을 것이다.

물체의 움직임에 적용되는 이치

앞서 등장한 관성의 법칙이 보여주는 것처럼 물체는 외부에서 아무것도 하지 않으면 그 운동 상태(속도)가 바뀌지 않는다. 즉 '속도가 변화할 때는 무언가 작용하고 있다.'라는 것을 의미한다. 이런 '무언가'가 힘이다.

일상에서도 물체를 강하게 밀면 그 물체의 속도가 크게 변한다는 사실을 누구나 경험으로 알고 있을 것이다. 무게처럼 힘의 크기는 용수철저울 같은 기구를 사용해서 간단히 측정할 수 있다. 같은 물체에 힘을 가하고 그때의 가속도를 측정하는 실험을 반복하면 된다. 힘을 두 배로 하면 가속도가 두 배가 되고, 힘을 세 배로 하면 가속도가 세 배가 되는 상황을 확인할 수 있다. 이를 통해 앞의 정성적인 경험 규칙을 '질점의 가속도는 가하는 힘에 비례한다.'라는 정량적인 법칙으로 정밀화할 수 있다.

그런데 같은 힘을 가하더라도 모든 물체가 같은 상태로 속도 변화를 일으키지는 않는다. 탁구공과 볼링공을 손가락으로 튕기면 탁구공은 멀리 날아가지만, 볼링공은 손가락이 아프기만 하고 거의 움직이지 않는다. 이처럼 물체는 '움직이기 어려운 정도'에 상당하는 양을 가지고 있다고 알 수 있다. 이것이 바로 '질량'이다. 움직이기 어려운 정도를 나타내는 질량과 '중력의 세기'를 나타내는 무게는 원래 다른 개념이지만, 어찌 된 일인지 경험상으로도 실험상으로도 둘은 서로 비례하므로, 질량은 저울로 정확하게 측정할 수 있다. 그 이유를 말하려면 일반상대성이론까지 거슬러 가는 즐거운 이야기가 되지만, 여기서는 참기로 하겠다.

질량이 다른 물체에 같은 크기의 힘을 가하는 실험을 반복해 보자. 질량을 두 배로 하면 가속도가 2분의 1, 질량을 세 배로 하면 가속도가 3분의 1이 되는 사실을 알 수 있다. '무거운 물체는 움직이기 어렵다.'라는 정성적인 경험 규칙이 '물체의 가속도는 질량에 반비례한다.'라는 정량적인 법칙으로 바뀌는 순간이다. 앞의 내용을 종합하면 물체에 힘을 가했을 때의 가속도는 가하는 힘에 비례하고, 질량에 반비례한다. 이것이 뉴턴의 운동 법칙 중 제2법칙인 '운동방정식$(F=ma)$'이다.

이 설명에서도 알 수 있듯이, 이 법칙은 우리가 일상에서 경험하는 일들, 예컨대 힘껏 민 물체가 힘차게 튀어 나가거나, 무거운 손수레를 움직이려면 큰 힘이 필요한 상황과 잘 들어맞으며, 법칙이 당연하게 느껴진다. 그렇지만 원래 당연한 것이 아니다. 이 세계는 일정한 법칙을 따라 움직이며, 우리는 그 규칙대로 움직이는 상태밖에 본 적이 없으므로 당연하다고 느껴버린 것뿐이다.

정말 이상한 것은 자연계에 규칙이 있다는 그 사실 자체다. 우리가 지니는 자연관은 자연계의 규칙을 바탕으로 구성되며, 그 규칙은 운동방정식이 대표하는 매우 정밀한 법칙으로 표현한다. 우리가 마음속에 지닌 상식적인 자연관은 고전물리학이라는 정밀과학이 뒷받침하고 있다는 의미를 이해했기를 바란다.

세계는 상상 속으로

이제 준비가 끝났다. 지금부터가 진짜라고 할 수 있다. 거듭 말한 바와 같이 우리의 표준적인 자연관은 자연현상의 규칙성이 뒤받치고 있다. 그 규칙성은 우리가 오감으로 일상생활에서 학습한 것이다. 여기서 강조하고 싶은 것이 하나 있다. 바로 **오감은 측정 장치**라는 것이다. 실제로 시각은 빛, 청각은 소리, 미각과 후각은 화학물질, 촉각은 온도와 압력을 측정하고 그 결과는 뇌로 전달된다. 머리말에서 "우리가 보고 있는 것은 오 감이 처리한 '측정'을 근거로 세상을 그려낸 상상도다."라고 언급했는데, 이런 점을 염두에 둔 말이다. 우리가 상식적으로 '자연현상'이라 부르는 것은 모두 오감이 측정한 결과를 바탕으로 그린 상상도 안에서 일어나는 일이다.

이를 염두에 두고 뉴턴의 운동 법칙이 발견된 경위를 다시 생각해 보 자. 먼저 질점으로 단순화한 물체를 상정한다. 그 질점을 오감과 오감을 보조하는 도구로 측정해서 3차원 벡터라는 형태로 표현한 것이 위치, 속 도, 가속도, 힘과 같은 개념이다. 뉴턴역학은 이런 수학적인 개념 사이에 서 성립하는 매우 엄밀한 규칙성이 있으며, 이를 바탕으로 계산한 예측은 우리가 직감적으로 이해하는 규칙과 정확하게 부합한다. 몇 번을 측정해 도 자연현상과 뉴턴역학으로 예측한 값은 일치한다. 이런 경험을 계속하 다 보니 어느새 우리는 '위치'와 '속도'를 자연계에 원래 존재하는 것으로 생각한다.

하지만 이것은 역시 착각이다. 위치와 속도 같은 개념은 어디까지나 관측하고 측정한 물체를 표현하려고 인간이 발명한 것이다. 즉 '자연계를 인간에게 편리한 방식으로 표현한 것'에 불과하다. 거기에는 오감이라는 측정 장치가 지닌 측정 한계가 짙게 반영돼 있다. 예를 들면, 개인차가 있 다고는 해도 사람 눈에 0.1mm 이하는 보이지 않는다. 그런 인간에게 0.01mm 정도의 물체는 크기가 있다고 할지라도 실질적으로 질점이다. 물론 현미경을 사용하면 더 작은 영역도 볼 수 있고, 질점이라 할 수 있는 물체도 비록 작다고는 해도 사실 크기가 있다. 질점 위치를 3차원 벡터로 표현했다는 것은 원래 유한한 크기를 지닌 물체를 점으로 간주하자는 식으로 비약한 것이다.

물론 그렇다고 해도 고전물리학이 틀린 것은 아니다. 과학이란 설명 체계이며, 이 체계의 목적은 측정한 현상을 합리적으로 설명하는 것이다. 오감으로 측정한 결과를 합리적으로 설명할 수 있다면, 고전물리학의 체계는 역시 옳은 것이다. 단, 위치와 속도는 인간이 편의상 도입한 개념이라는 것을 잊어서는 안 된다. **위치와 속도 개념을 대전제로 해서 구축된 고전물리학이 측정 결과를 올바르게 설명할 수 있으므로, 위치와 속도라는 개념도 정당한 것이 된다.**

그렇지만 양자를 고전물리학의 '위치'와 '속도'로 표현하려고 하면 현실을 설명할 수 없다. 나중에 설명하겠지만 이것은 전혀 이상한 일이 아니다. **오랫동안 물리학이란 설명 체계의 토대를 이루던 위치와 속도라는 개념이 현상을 측정하는 기술과 이해가 높아지면서 그 역할을 다한 것일 뿐이다.** 오감과 직결된 개념을 편리하게 사용할 수 있던 시대가 끝나고, 자연계를 표현하는 개념을 업데이트해야만 했다.

한편, 고전물리학에서 사용하는 위치와 속도는 우리가 직감적으로 이해하는 세계 인식과 부합한다. 따라서 위치와 속도라는 개념으로 표현할 수 없는 양자를 직감적으로 이해할 수 없는 것은 어찌 보면 당연하다. 예를 들어서 (뒤에 나올 내용을 미리 설명한다면) '양자는 입자인가 파동인가'라는 논쟁도 양자라는 존재를 입자나 파동과 같이 오감으로 익힌 개념에 억지로 끼워 맞추려고 해서 발생한 혼란이다. 물론 양자의 모습을 그리려면 파동이나 입자라는 개념을 편의상 사용해야 하지만, 이는 '빗대는 것'

에 불과하다. 양자를 이해하려면 기존 틀로는 양자를 표현할 수 없다는 사실을 적극적으로 인정하고, 양자를 올바르게 표현하는 경험을 쌓아야 한다. 그래야만 '양자의 직감적 이해'에 도달할 수 있다.

　너무 앞서간 것 같다. 다음 장에서는 물리학 역사를 되돌아보면서 인류가 양자를 인정할 수밖에 없게 된 경위를 이야기하겠다.

제2장

양자의 발견

"양자역학을 접했는데도 놀라지 않는다면,
제대로 양자역학을 이해하지 못한 것이다."

– 닐스 보어

일상적인 사건을 거의 완벽하게 설명할 수 있는 고전물리학을 근본부터 재검토해야만 했던 것은 관측 기술이 발달해서 오감으로 도달할 수 없는 정밀도로 자연계를 관찰할 수 있게 되면서부터다. 이 작디작은 영역에서 일어나는 현상은 고전물리학으로 고집스럽게 설명해도 명쾌한 답을 할 수 없었다. 게다가 얼마 지나지 않아 평소에 당연하게 생각한 일상적인 현상조차 고전물리학만으로는 설명할 수 없다는 사실도 알게 됐다.

이번 장에서는 인류가 이런 현실에 직면해서 '양자'라는 아이디어를 생각해낸 경위를 돌아본다. 이 장의 내용은 양자역학을 다룬 모든 책에서 소개하므로 경위 자체는 가볍게 기술하지만, 이 이야기에서 얻을 수 있는 사고방식은 뒷장에서 자주 사용하므로, 그 부분을 강조하면서 본문을 진행하겠다.

빛은 입자? 파동?

뭐든 괜찮으니 주변에 있는 물건을 머릿속에 떠올려보자. 그 물건은 무엇으로 이루어져 있는가? 돌이나 책상과 같은 물질을 떠올렸다고 하자. 그것을 한없이 잘게 부숴나가면 파편은 점점 작아질 것이다. 그 결과 도달하는 것이 무엇이든, 파편은 한두 개와 같이 헤아릴 수 있다. 이런 것이 '입자'다.

충분히 작아진 물체를 질점으로 생각해서 뉴턴역학을 적용하면 매우 정확하게 그 운동을 예측할 수 있었다. 형태가 있는 물체도 질점의 집합으로 생각하면 뉴턴역학을 그대로 사용할 수 있다. 온갖 물체의 움직임을 이런 식으로 설명할 수 있으므로, 이 세상에 있는 물체는 질점으로 간주할 수 있는 무언가로 이뤄져 있다고 생각하는 것이 합리적이다. 입자란 질점으로 간주할 수 있으며, 제1장에서 설명한 것처럼 위치와 속도라는 개념으로 이해할 수 있는 존재다.

만일 독자 여러분이 소리나 수면에서 퍼져가는 물결무늬를 떠올렸다면, 그것은 '파동'이다. 예를 들어서 소리는 공기의 진동이다. 공기 그 자체는 물질이므로 질점의 집합이지만, 그 진동인 소리의 본질은 공기를 구성하는 질점의 위치와 속도의 분포 그 자체다. 이런 존재는 일반적으로 공간적으로도 시간적으로도 퍼져가는 것이 존재하는 의미라고 할 수 있어서 쪼개는 것은 의미가 없으며, 한두 개로 헤아릴 수도 없다. 입자와 달라서 쪼개면 존재 그 자체의 의미가 없어져 버리는 것이다.

이처럼 일상에서 보는 현상으로 유추하자면, 주변의 모든 것을 돌을 세듯 헤아릴 수 있다. 뉴턴역학을 적용할 수 있는 '입자'이거나, 소리처럼 어떤 매질을 통해 퍼져나가거나 변화하는 '파동'이라고 생각해도 좋다.

그렇다면 빛은 어떨까? 모든 선입견을 버리고 빛을 봐도 빛이 입자의 집합인지, 아니면 어떤 매질이 변화하는 '파동'인지를 판단하는 것은 힘들다고 본다. 사실상 빛이 입자의 집합인가 파동인가 하는 문제는 오랫동안 논쟁거리였으며, 많은 논의를 일으키면서도 좀처럼 결론을 내리지 못했다.

뉴턴은 '빛이 입자'라고 주장했다. 그가 근거로 든 것은 빛의 직진성이다. 햇빛이 물체에 닿으면 지면에는 물체와 같은 모양을 한 그림자가 생긴다. 이는 빛이 물체에 닿으면 차단당하고, 그 외의 부분에서는 그대로 직진한다는 것을 의미한다. 약간 다른 이야기지만, 파도가 제방 끝에 부딪히면 제방을 돌아서 들어오는 것을 알고 있을 것이다. 이 현상은 '회절'이라 부르는데, 파동에서는 반드시 볼 수 있는 현상이다. 만약 빛이 파동이라면 물체에 부딪힌 빛은 물체를 돌아서 지나가므로 그림자가 더 희미해질 것이다. 뉴턴은 이렇게 주장했다. 나름대로 설득력 있는 이야기다.

한편, 뉴턴과 같은 시대를 살았던 로버트 훅과 크리스티안 하위헌스를 비롯한 연구자들은 빛이 파동이라는 설을 주장했다. 논쟁이 계속됐지만, 19세기에 들어서 토머스 영이 빛의 간섭 현상을 발견하면서 (일단은) 결론이 났다. 간섭이란 파동 특유의 성질이라서 파동이 아니면 일어나지 않는다. 즉 빛은 파동이다. 이 결론을 얻을 때까지 뉴턴 시대부터 실로 100년이 걸렸다. 이 문제가 얼마나 많은 논의를 낳았는지를 엿볼 수 있다.

참고로 인간이 볼 수 있는 빛(가시광선)의 파장은 380nm(나노미터)부터 770nm 정도다.(1nm는 10억 분의 1m) 일상적인 감각으로는 엄청나게 짧은 길이다. 일반적으로 회절은 파장이 길수록 크게 나타나므로, 파장이 짧은 가시광선에서는 큰 회절이 일어나지 않는다. 가시광선에서 그림자가 선명하게 나타나는 것은 이 때문이다. 그러므로 뉴턴이 빛을 입자라고 생각한 것도 무리는 아니다. 실제로 같은 빛이라도 가시광선보다 훨씬 파장이 긴 빛인 전파는 더 크게 회절한다. 건물에 가려지더라도 휴대전화가 전파를 수신할 수 있는 것은 이런 이유 때문이다.

파동으로서의 빛

'이중 슬릿 실험'이라 불리는 실험이 있다. 토머스 영이 실시한 유명한 실험이다. 이 실험은 뒤에서 중요하게 다루므로 조금 자세히 설명하겠다. 두 곳에 좁은 틈(슬릿)이 있는 방파제를 향해 파도가 밀려오는 상황을 상상해 보자. 대부분 파도는 방파제에서 멈추지만, 좁은 틈으로 파도가 빠져나온다. 파도는 회절해 장애물을 돌아서 피하는 성질이 있으므로, 좁은 틈을 빠져나온 파도는 거기서부터 동심원 형태로 퍼져간다. 그 결과, 방파제 너머에서는 두 틈에서 나와 동심원 모양으로 퍼져가는 파도가 중첩하고 독특한 무늬를 형성한다.

이 무늬가 중요하다. 파동에는 마루와 골이 있다. 두 파동이 만났을

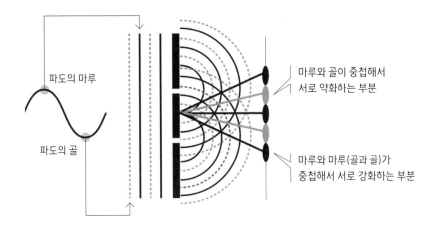

마루와 골이 중첩해서
서로 약화하는 부분

마루와 마루(골과 골)가
중첩해서 서로 강화하는 부분

파도의 마루

파도의 골

그림 2-1 파도의 간섭 현상
두 마루(골)가 중첩하면 서로 강화해서 큰 마루(골)가 생기고, 마루와 골이 중첩하면 서로 약화해 파도가 사라진다. 빈틈 너머에는 파도가 강해진 부분과 약해진 부분이 줄무늬처럼 늘어선다.

때, 마루와 마루(골과 골)가 잘 겹쳐지면 서로 강화해서 큰 마루(골)를 형성한다. 반대로 마루와 골이 중첩하면 서로 약화해서 파도가 사라져 버린다. 이것이 간섭이다. 두 틈을 통과해 접근해 오는 파도를 방파제 건너편에서 바라보면 양쪽 틈에서 나온 마루(골)가 동시에 부딪쳐서 큰 파도가 치는 곳과 마루와 골이 부딪쳐서 잠잠해지는 곳이 줄무늬처럼 번갈아 나타난다. 이 줄무늬를 '간섭 패턴'이라 부른다. 그림 2-1

이번에는 같은 방파제를 뭍으로 옮겨서 좁은 틈을 향해 야구공 몇 개를 던진다고 해보자. 틈을 빠져나온 공은 그대로 틈의 건너편으로 날아갈 뿐이다. 방파제 너머, 틈의 연장선상으로 많은 공이 날아간다. 한편, 공은 파도와 달라서 회절하지 않으므로 틈의 연장선이 아닌 곳으로는 날아가는 일이 거의 없다. 있다고 하더라도 어쩌다 틈의 모서리에 부딪힌 공이 크게 튀었을 때 정도가 아닐까? 물론 공이 날아오는 곳과 날아오지 않는 곳이 번갈아 나타나거나 하는 일도 없다.

　이것은 무척 재미있는 현상이다. 왜냐하면 두 틈이 있는 벽에 뭔가를 부딪쳤을 때, 간섭 패턴이 나타나는지 아닌지로 부딪친 것이 파동인지 입자인지를 구별할 수 있기 때문이다. 이제 우리의 목표인 빛으로 돌아가자. 빈틈이 있는 벽을 준비하고, 벽을 향해 빛을 쏘면 된다. 이것이 바로 토머스 영이 실시한 빛의 이중 슬릿 실험이다. 토머스 영은 벽 너머에 설치한 스크린 위에 밝은 곳과 어두운 곳이 번갈아 늘어서는 간섭 패턴이 나타나는 것을 확인한 후, 빛이 파동이라는 사실을 간파했다.

　제임스 클라크 맥스웰이 1864년에 확립한 전자기학은 빛의 파동성을 이론적으로 뒷받침한다. 맥스웰이 정리한 이론은 전기장과 자기장이 서로를 생성하면서 진행하는 '전자기파'를 예측했다. 그리고 놀랍게도 이론적으로 계산한 전자기파의 속도는 빛의 속도와 일치했다. 이것은 빛이 전기장과 자기장의 파동이라는 것을 강하게 시사한다. 맥스웰이 죽은 후, 하인리히 헤르츠가 맥스웰의 예측대로 전자기파가 발생한다는 사실을 확인하며 빛이 실제로 전자기파라는 사실을 입증했다. 이 사실을 알게 된 것은 1888년의 일이다.

　이런 사정을 바탕으로 '빛은 파동이다.'라는 견해로 빛을 바라보면, 빛의 특성을 매우 깔끔하게 설명할 수 있다. 빛의 특징 가운데 색과 밝기를 보면, 일단 색은 전자기파의 파장과 관련 있다. 앞에서 인간이 볼 수 있는 빛의 파장이 380nm~770nm라고 했지만, 파장을 380nm부터 조금씩 길게 하면 빛은 보라색에서 붉은색을 향해, 즉 무지개에서 볼 수 있는 순서 대로 색을 표시한다. 물론 눈에 보이지는 않지만, 붉은색보다 파장이 긴 전자기파(적외선, 마이크로파, 전파 등)나 보라색보다 파장이 짧은 전자기 파(자외선, X선, 감마선 등)도 분명히 존재한다.

참고로, 1초에 몇 번 진동하는지를 나타내는 '진동수'가 파장보다 편 리할 때가 있으므로 이번 기회에 알아두자. 파동이 한 번 진동한다는 것은 한 파장 길이만큼의 파장이 눈앞을 통과한다는 의미다. 빛은 1초에 약 30 만km를 이동하므로, 예컨대 파장이 1km인 빛(장파라고 불리는 전파)이라 면 1초에 30만 번 진동한다. 따라서 이 빛의 진동수는 30만Hz(헤르츠)다. 여기서 일반적으로 광속을 파장으로 나눈 값이 진동수라는 것을 알 수 있다.

파장과 진동수는 정확히 역수 관계이므로, 붉은빛은 파장이 길어서 진동수가 작고, 푸른빛은 파장이 짧아서 진동수가 크다. 이처럼 파동을 표 현하는 데 파장을 사용하건 진동수를 사용하건 본질은 달라지지 않는다. 이후에는 그때그때 편한 쪽을 사용하겠다. 혼란스러울 때는 파장과 진동 수가 역수 관계라는 사실을 떠올리길 바란다.

이어서 밝기를 살펴보자. 결론부터 말하자면, 밝기는 빛이 실어 나르 는 에너지에 해당한다. 검은 종이에 빛을 쪼이면 종이 온도가 올라가는데, 빛이 밝을수록 온도는 급격하게 상승한다. 이것은 밝은 빛일수록 에너지 가 크다는 사실을 보여준다. 전자기학 관점에서 본다면, 빛은 전기장과 자 기장이 크기를 변화하며 전파하는 파동이다. 따라서 맥스웰 이론을 사용 하면 이렇게 진동하는 전기장과 자기장의 변화폭(진폭)이 파동의 에너지 에 해당한다는 사실을 알 수 있다. 간단하게 정리하면 이렇다. 밝기~에너지~ 전기장과 자기장의 진폭.

　이처럼 빛이 파동이라는 주장은 실험과 이론의 지지를 받는다. 더 말하자면, 빛의 파동성은 일상 곳곳에서 엿볼 수 있다. 예컨대 물웅덩이 표면에 있는 기름막이 무지개색으로 빛나는 것을 본 적이 있을 텐데, 이 현상도 빛의 간섭 때문이다. 기름막이 있는 수면에 빛이 닿으면 빛은 기름막 표면과 기름막 아래에 있는 수면에서 각각 반사된다. 이것이 정확하게 이중 슬릿과 같은 역할을 해서 특정한 각도에서 파동의 강화가 발생한다. 태양광선은 여러 파장의 빛을 포함하므로, 파장마다 강화되는 각도가 달라서 반사광이 무지개색으로 보이는 것이다.

물체에서 나오는 빛의 수수께끼

　지금까지의 이야기로 끝난다면 행복하겠지만, 아쉽게도 자연계는 그렇게 단순하지 않다. 빛이 파동이라는 전제로는 설명할 수 없는 현상을 찾아낸 것이다. 첫 사례는 물체에서 나오는 빛이다.

　온도를 지닌 물체는 예외 없이 빛을 내보낸다. 인간을 서모그래피(적외선 카메라)로 보면 깜깜한 곳에서도 선명하게 형체를 볼 수 있는데, 체온을 지닌 인간이 적외선을 내보내기 때문이다. 철에 열을 가하면 점점 탁한 붉은색을 띠며 붉게 가열되다가 마지막에는 하얗게 빛나는 것도 여기에 해당한다. 어떤 물체가 특정 온도일 때 어떤 진동수의 빛을 어느 정도

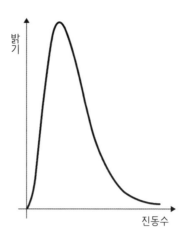

밝기

진동수

그림 2-2 물체에서 나오는 빛의 스펙트럼
물체가 특정 온도일 때 어떤 진동수의 빛을 어느 정도의 밝기로 방출하는지를 보여준다.

의 밝기로 방출하는지를 '스펙트럼'이라 한다. 이것은 쉽게 측정할 수 있어서 측정값이 그림 2-2와 같이 산처럼 생긴 커브로 나타난다. 그리고 곧 설명하겠지만, 빛을 파장이라고 전제하면 물체에서 나오는 빛이 왜 이런 형태의 스펙트럼을 보여주는지를 설명할 수 없다.

온도란 물체의 구성요소가 갖는 평균적인 에너지를 나타내는 지표다. 그리고 의외라고 들릴 수도 있겠지만, 물체에서 빛이 나온다는 사실은 물체 내부에 빛이 가득하다는 것을 의미한다. 이렇게 말한 이유는 필요한 지식을 갖춘 후 나중에 설명하겠지만, 어쨌거나 빛과 물질이 서로 에너지를 주고받으면서 균형을 유지하는 것은 틀림없다. 그렇지 않다면 에너지 밀도가 한쪽으로 쏠려서 균형이 무너져 버리기 때문이다. 즉 물체에 가득한 빛의 평균 에너지는 물체의 구성요소가 지니는 평균 에너지와 같다. 빛의 스펙트럼이란 '어느 정도의 파장이 어느 정도의 강도로 방출되는가'이므로, 온도를 지닌 물체에서 나오는 빛의 스펙트럼은 '일정량의 에너지가 어떤 파장의 빛에 어느 정도의 비율로 배분돼 있는지'가 결정한다.

얼핏 어렵게 느낄 수도 있겠지만, 사실 이것은 통계역학의 초보적인 문제다. 통계역학의 큰 틀은 19세기에 완성됐고, 현재는 대학교 1~2학년 과정에서 공부한다. 통계역학은 물리의 온갖 상황에 등장하는 내용을 깊이 다루지만, 기본적인 사고방식은 매우 단순하다. '가능한 상태는 모두 같은 확률로 일어난다.'라고 하는 '선험적 동등 확률의 원리'가 통계역학의 출발점이다.

어디까지나 이해를 돕기 위한 이미지이지만, 지면에 같은 모양의 구멍이 많이 뚫려 있고, 눈가리개로 눈을 가린 채로 구멍에 돌을 던져넣는 상황을 생각해 보자. 구멍 하나하나가 '가능한 상태'이며 돌이 떨어지는 구멍이 '실제로 일어나는 현상'에 해당한다. 이 상황에서 구멍이 특별히 구별되지 않는다면, 어떤 구멍에든 같은 확률로 돌이 떨어진다고 생각할 수 있다. 이것이 선험적 동등 확률의 원리다. 돌을 여러 번 던지면 구멍이 밀집된 영역에는 몇 번이고 돌이 떨어지고, 구멍이 듬성듬성 있는 영역에는 좀처럼 돌이 떨어지지 않는다.**그림 2-3** 통계역학도 이와 같아서, 여러 상황이 관련된 통계 현상에서는 가능성의 밀도가 높은 현상이 주로 실현된다.

빛의 정체를 파장이라고 해보자. 그러면 여기서 가능한 상태란 '물체 내부에 계속 존재할 수 있는 파동'이다. 이것은 어떤 파동이며, 그 가운데 가능성이 큰 것은 어떤 파동일까? 나중에 비슷한 내용이 다시 나오므로

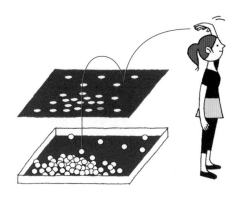

그림 2-3 선험적 동등 확률의 원리

구멍이 밀집한 영역에는 돌이 몇 번이고 떨어지고, 구멍이 듬성듬성한 영역에는 돌이 좀처럼 떨어지지 않는다.

준비 삼아 자세하게 알아보자.

물체 내부에서 빛이 파동으로 진행하는 모습을 연상해 보자. 그 파동은 물체 끝에서 반사돼 반대 방향으로 진행하고, 다시 반대쪽 끝에서 반사돼 방향을 바꿔 진행한다. 이런 식으로 물체 내부에서는 오른쪽으로 진행하는 파동과 왼쪽으로 진행하는 파동이 동시에 존재한다.

물체 길이를 100cm라고 가정해 보자. 이 물체 내부에서 파장 95cm인 파동은 영속적으로 존재할 수 있을까? 직접 그려보면 금방 알 수 있다. 그림 2-4의 왼쪽 그림이 그 모습이다. 왼쪽 끝에서 나온 파동(실선)이 오른쪽 끝에서 반사하고, 그 반사 파동(점선)은 왼쪽 끝에서 반사한다. 이런 식으로 오른쪽으로 진행하는 파동을 실선, 왼쪽으로 진행하는 파동을 점선으로 표시하고, 다섯 번 왕복하는 모습을 그렸다. 보는 대로 물체 안에서는 조금씩 어긋난 파동이 무수히 중첩한다. 이런 파동은 간섭해서 사라

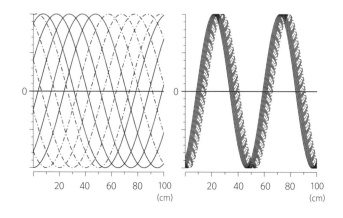

그림 2-4 길이가 100cm인 물체 안의 파동
왼쪽은 파장 95cm, 오른쪽은 파장 50cm. 실선과 점선은 각각 오른쪽, 왼쪽으로 진행하는 파동을 나타낸다.

져 버린다. 결국 길이 100cm인 물체의 내부에는 파장 95cm인 파동이 영속적으로 존재할 수 없다.

그렇다면 어떤 파동이라면 사라지지 않고 남을까? 파장 95cm인 파동이 사라져 버린 것은 돌아온 파동과 최초의 파동이 어긋나 있기 때문이다. 즉 돌아온 파동이 최초의 파동과 딱 맞게 중첩하면 된다. 그림 2-4의 오른쪽에 파장이 50cm일 때의 모습을 그렸다. 보기 쉽도록 조금씩 어긋나게 그렸지만, 실제로는 딱 맞게 중첩한다. 이런 상태라면 사라질 걱정은 없다. 마찬가지로 물체를 한 번 왕복할 때 정수 개수의 파동이 들어 있다면, 그 파동은 사라지지 않고 남는다.

지금의 예라면, 물체를 한 번 왕복하는 거리는 200cm이므로, (200÷정수)cm처럼 연속적이지 않은 파장의 파동들이 '물체 내부에 계속 존재할 수 있는 파동'이다. 이것은 매우 보편적인 현상으로, 유한한 길이의 장소에 파동이 갇히면 거기에 존재하는 파동들은 파장이 띄엄띄엄하다. 이 내용은 뒤에서 계속 언급하므로 머릿속에 담아두자.

우리는 이제 길이 100cm인 물체 내부에 존재할 수 있는 빛의 파장이 (200÷자연수)cm라고 알았다. 자연수가 커질수록 파장 값은 점점 작아지므로, 파장이 짧은 영역에는 '존재할 수 있는 파동'이 대량으로 밀집한다. 즉 파장이(200÷자연수)cm이므로 200cm, 100cm, 50cm, 25cm, 12.5cm, 6.25cm, 3.125cm 등 짧은 파장이 얼마든지 나타날 수 있는 것이다. 그 결과, 파장이 짧은 빛일수록 실현될 확률이 높아져서 파장이 짧은 빛일수록 물체에서 강하게(밝게) 방출돼야 한다는 결론에 도달한다. 실제 물체는 3차원으로 분포하므로 더 복잡하지만, 본질은 같다. 이런 (현실과는 다른) 스펙트럼을 처음 계산한 사람의 이름을 따서 레일리-진스 스펙트럼이라 부른다.

물론 이것은 진동수가 클수록(파장이 짧을수록) 밝기가 감소하는 실제 스펙트럼**그림 2-2**과 맞지 않는다. 파장이 짧은 빛이란 자외선, X선, 감마선 등이다. 인간의 몸에서 감마선이 슝슝 나온다면 얼마나 위험하겠는가. 실제로 인체에서 방출되는 빛은 주로 적외선이므로 앞의 내용은 뭔가 잘못된 것이 된다. 지금 우리가 한 논의의 전제는 통계역학의 기본 원리와 빛이 파동이라는 관측 사실이다. 이 전제하에서 짧은 빛일수록 강하게 방출돼야 한다는 주장은 틀릴 수가 없다. 이 문제는 19세기의 물리학자들에게 목에 걸린 가시 같았다.

물체에서 나오는 전자의 수수께끼

빛의 파동성에 의문을 던진 다른 사례는 '광전효과'다. 광전효과는 빛이 물체에 부딪쳤을 때 전자가 튀어나오는 것을 말한다. 광전효과의 이론 자체는 간단하다. 모든 물체는 원자핵과 전자로 이뤄져 있으며 전자는 원자핵 주위를 떠나지 않고 분포하지만, 가장자리에 있어서 빛이 닿으면 그 일부가 원자에서 튀어나와 버린다. 더 정확하게 말하자면, 빛이 지닌 에너지를 전자가 흡수해서 운동에너지를 획득하고, 이 때문에 원자핵의 속박을 떨쳐내고 튀어나가는 것이다.[1] 당연한 결론이지만, 닿는 빛의 에너지가 클수록 튀어나오는 전자의 에너지도 커진다. 맥스웰의 이론에 따르면 빛은 전자기파이며, 전자기파의 에너지는 전기장과 자기장의 진폭이 결정하고 빛의 밝기에 대응한다. 그렇다면 빛의 파동성 때문에, 진동수와 관계없이 닿는 빛이 밝을수록 전자는 기세 좋게 튀어나올 것이라는 결론을 끌어낼 수 있다.

그런데 현실은 그렇지 않다. 그림 2-5는 광전효과로 튀어나오는 전자의 (최대) 운동에너지를 측정한 결과다. 왼쪽 그림의 가로축은 빛의 밝기, 오른쪽 그림의 가로축은 빛의 진동수다. 앞의 예상대로라면 왼쪽 그림은

---

1 잘 헷갈리기 때문에 언급해 두지만, 광전효과로 튀어나오는 전자는 자유전자가 아니다. 원자핵 주위를 도는 속박전자가 튀어나온다.

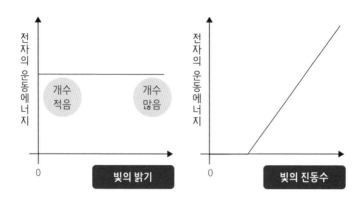

그림 2-5 광전효과로 튀어나온 전자의 에너지와 쪼이는 빛의 밝기(왼쪽), 진동수(오른쪽)의 관계
빛의 파동성을 전제로 한 예상과는 정반대의 결과다.

오른쪽 위로 증가하고, 오른쪽 그림은 평평한 그래프가 되어야 하지만, 실제로는 정반대로 진동수가 커질수록 전자의 운동에너지가 커지고, 빛의 밝기를 바꿔도 전자의 운동에너지는 변하지 않는다. 그 대신 튀어나오는 전자의 개수가 증가한다. 앞서 언급한 대로 전자기파의 에너지가 진동수와 관련될 여지는 없고, 밝기를 높여서 전자기파의 에너지를 크게 했는데도 튀어나오는 전자의 운동에너지가 변하지 않는 사실에는 '영문을 알 수 없다.'라는 말밖에 나오질 않는다.

'빛은 파동이다.'라는 실험 사실을 전제로 보면, 여기서 소개한 두 사례는 설명할 수 없는 자연현상이다. 이것은 무척 난처한 일이다. 자연과학은 가장 기본적인 가정에서 출발해서 단계적으로 자연현상을 설명하는 것을 목표로 한다. 19세기 후반에는 빛이 파동이라는 전제를 바탕으로 완벽하게 설명할 수 있는 자연현상을 많이 알고 있었다. 이런 상황이므로 '빛은 파동이다.'라는 것은 논의의 대전제라고 해도 좋을 정도다. 그런데도 같은 원리로 설명할 수 없는 현상을 찾아냈다는 것은 그때까지 구축한 이론과 설명도 위태로워질 가능성이 있는 것을 의미한다. 2011년 뉴트리노의 속도가 광속을 넘었을지도 모른다는 뉴스가 나왔다. 결국 실험 오류였지만, 이것 또한 충분히 확립했다고 생각한 '광속 불변의 원리'를 뒤흔들 수 있어서 큰 소동이 된 것이다. 착실하게 쌓아 올린 이론을 바꾸는 일은 무척 힘들다.

플랑크의 일격

과학자는 기본적으로 보수적이다. 모순점을 발견해도 일단은 지금까지 쌓아 올린 이론이 무너지지 않는 선에서 해결 방법을 찾는다. 19세기가 끝나가던 1900년 연말, 막스 플랑크는 고온 물체에서 나오는 빛의 스펙트럼을 설명하려고 한 아이디어를 제시했는데, 이 또한 정말 그런 것이었다.

플랑크의 아이디어를 이해하려면 물체에서 나오는 빛 스펙트럼의 문제점을 한 번 더 정리해야 한다. 물체에서 나오는 빛의 스펙트럼을 실제로 관측하면 그림 2-2처럼 도중에 피크peak가 있는 곡선이다. 하지만 물체라는 유한한 크기의 영역에 갇힌 빛은 진동수가 클수록 고밀도로 존재했다.

그렇다고 하면, '에너지는 모든 가능성에 균일하게 할당된다.'라는 통계역학의 기본 원리를 따르는 한, 존재 밀도가 크고 진동수가 큰 빛일수록 강하게 방출돼야 한다. 이 이론으로는 현실의 스펙트럼을 설명할 수 없는 것이다.

플랑크는 이 문제를 해결하려고 통계역학의 기본 원리를 유지한 채, 진동수가 큰 파동이 구현되는 경우의 수가 작아지는 원리가 숨어 있을 것으로 생각했다. 플랑크의 아이디어는 다음과 같다.

어떤 이유로 인해, 진동수 v(Hz)를 지니는 빛은 진동수에 비례한 hv(J)라는 단위로만 물질과 에너지를 교환할 수 있을 것이다. 여기서 J은 '줄'이라 부르며 물리에서는 표준적인 에너지 단위다. 질량 1kg인 물체를 지상에서 약 10cm 들어 올리는 데 필요한 에너지가 대략 1J이므로, 몇 줄이라는 것은 극히 일상적으로 접하는 크기의 에너지다. 비례계수 h는 약 6.6×10^{-34}J·s로 무척이나 작은 값의 상수이며, 고안한 사람의 이름을 따서 '플랑크 상수'라고 부른다. 이 가설 역시 고안한 사람의 이름을 따서 지금은 '플랑크의 양자가설'로 부른다.

이 가설을 받아들이면, 에너지의 최소단위가 '플랑크 상수×진동수'이므로, 큰 진동수의 빛일수록 큰 단위로 에너지를 주고받는다. 이 조건 아래에서 일정량의 에너지를 진동수가 다른 빛에 할당하려고 하면, 진동수가 큰 빛의 비율이 줄어든다. 이것은 쇼핑할 때 고액 동전이나 지폐는 소량만 사용할 수 있는 것과 같은 원리다. 예컨대 100원어치 쇼핑을 할 때 가능한 지급 방법을 열거해 보면, '100원짜리 동전 하나' '50원짜리 동전 둘' '50원짜리 동전 하나에 10원짜리 동전 다섯'이라는 식으로 고액 동전이 등장할 기회는 아무래도 적어진다. 플랑크의 양자가설도 이것과 같은 효과를 낸다.

큰 진동수의 빛은 '에너지 단위'가 커서 일정량의 에너지를 확보하는 데 사용할 수 있는 큰 진동수의 파동 비율이 낮아진다. 한편 진동수가 클수록 파동의 존재 밀도가 커지는 것도 확실하므로, 이 두 가지 요소가 균형을 이루는 적당한 부분에서 스펙트럼의 피크가 나타난다고 하면 스펙트럼 문제를 설명할 수 있으리라는 것이 플랑크가 생각한 아이디어의 골자다.

실제로 이렇게 가정하고 통계역학을 다시 계산하면, 그 결과는 현실에서 측정한 스펙트럼과 딱 맞아떨어진다. 선험적 동등 확률의 원리와 빛이 파동이라는 사실을 유지한 채, 최소한의 가정을 추가하는 것만으로 현실을 성공적으로 설명한 것이다.

아인슈타인의 추격

남은 문제는 플랑크의 양자가설에서 말하는 '어떤 이유'의 정체다. 플랑크는 어떤 이유로 특정 진동수의 빛이 진동수에 비례한 hv라는 단위로만 물질과 에너지를 교환한다고 말했지만 '어떤 이유'가 무엇인지는 설명하지 못했다. 이 이유를 간파한 것이 바로 알베르트 아인슈타인이다. 아인슈타인은 광전효과의 모순을 해결하려고 플랑크보다 더 깊이 파고들어 다음과 같은 가설을 세웠다. 이 가설이야말로 인류를 '양자'의 세계로 인도했다.

진동수 v(Hz)를 지닌 빛은 파동이면서 동시에 운동에너지 hv(J)를 갖는 입자(광자)의 집합이기도 하다. 여기서 '집합이기도 하다.'라는 말을 강조하고 싶은데, 이 가설이 빛의 파동성을 부정하는 것은 아니라고 강조하고 싶기 때문이다. 어디까지나 '입자로도 파동으로도 볼 수 있다.'라는 것이 이 가설의 핵심이다. '광양자가설'이라 부르는 이 가설을 전제로 하면, 그렇게나 영문을 알 수 없었던 광전효과를 매우 자연스럽게 이해할 수 있다.

　먼저, 광전효과에서 전자에 에너지를 공급하는 것은 빛을 구성하는 입자인 광자라고 가정한다. 빛을 파동으로 봤을 때 에너지는 진동수에 비례하므로 진동수가 클수록 전자는 큰 에너지를 공급받으며, 그 에너지는 직선적으로 증가할 것이다. 이것은 그림 2-5(53쪽)의 오른쪽 그림 결과와 딱 맞아떨어진다.

　또한 이 가설을 전제로 하면, 밝은 빛이란 광자를 대량으로 포함한 빛이다. 예컨대, 앞서 등장한 진동수 30만Hz인 빛을 구성하는 광자 하나는 500조분의 1의 10조분의 1J이라고 하는 극소 에너지밖에 지니지 않지만, 티끌 모아 태산이 되는 것처럼 광자가 많이 모이면 전체적으로 큰 에너지가 된다. 빛의 밝기가 에너지에 해당한다는 점을 생각하면, 진동수를 바꾸지 않은 채로 빛을 밝게 하는 것은 광자가 지닌 하나하나의 에너지를 바꾸지 않고, 광자 개수를 늘리는 것에 해당한다는 사실을 알 수 있다. 즉 물체에 닿는 빛의 진동수를 바꾸지 않고 밝기만 키우면, 광자의 에너지가 변하지 않으므로 튀어나오는 전자의 운동에너지는 변하지 않지만, 닿는 광자의 개수가 증가하므로 튀어나오는 전자 개수는 증가할 것이다. 이것은 그림 2-5의 왼쪽 그림 결과와 딱 맞다.

게다가 광양자가설을 가정하면 빛이 hv(J)라는 단위로만 에너지를 주고받는다는 플랑크의 양자가설은 필연적으로 성립하므로, 물체에서 나오는 빛의 스펙트럼 문제도 마찬가지로 해결된다. 하지만 빛이 파동이라는 사실을 부정하지 않으므로, 당시까지 축적한 이론과 설명도 그대로 오케이(OK)다.

이처럼 빛이 파동성과 입자성 양쪽을 지니는 것을 전제로 해야 비로소 관측한 자연현상을 일관성 있게 설명할 수 있다. 빛(광자)처럼 파동 성질을 지니면서 한 개, 두 개로 헤아릴 수 있는 존재를 오늘날에는 '양자'라고 부른다. 빛이 입자인가 파동인가 하는 문제는 입자도 파동도 아닌 양자라고 하는 예상 밖의 결론을 맞이한 것이다. 참고로, 아인슈타인은 상대성 이론이 아닌 광양자가설로 광전효과를 설명한 업적을 인정받아 노벨 물리학상을 받았다.

광양자가설은 현상을 설명한다는 의미에서는 우아하지만, 반면에 이론이 의미하는 내용은 기묘하다. '빛의 모습'을 떠올릴 때, 입자가 날아다니는 모습을 묘사하거나 뭔가가 물결치는 모습을 묘사하는 일은 모두 맞으면서도 틀리기 때문이다. '어쩌면 물 분자가 많이 모여서 형성한 바닷물이 파도를 만드는 것처럼 빛의 파동은 대량의 광자가 집단 행동해서 만드는 파동일까?'라고 생각하는 사람이 있을지도 모르겠지만, 그 생각은 잘못된 것이다.

왜냐하면, 빛은 광자 하나만으로도 파동의 성질을 보이기 때문이다. 눈앞에 있는 야구공 하나가 파동처럼 온갖 장소로 퍼져가고 있다고 말하면 제정신인지 의심받겠지만, 광자는 입자 하나만으로도 온갖 장소로 퍼져가는 파동이기도 하다. 이것이 광양자가설의 내용이다. 이런 설명이 기묘하다고 하지 않으면 무엇을 기묘하다고 할 수 있겠는가.

다만 파동성과 입자성을 동시에 지닌다는 사실이 빛만의 특별한 사정이라면 '빛은 이상한 녀석이구나.'라고 생각하며 끝낼 수도 있지만, 현실은 그렇게 만만하지 않다. 빛뿐만 아니라 물질을 포함한 온갖 존재가 양자다. 이 사실이 밝혀진 경위를 알아둘 필요가 있는데, 뒤에서 양자를 이해하는 데 매우 중요하기 때문이다. 이번 장의 나머지 부분에서는 이런 물리의 역사를 살펴보도록 하자.

입자로서의 전자

'모든 물질은 원자로 이뤄져 있다.' 이런 인식에 도달하면서 인류는 자연계를 이해하는 수준이 비약적으로 높아졌다. 사실상 원자에 관한 지식만 있으면 주변 현상 대부분을 간단히 설명할 수 있다. 예를 들자면, 우리가 체온을 유지하며 건강하게 살아갈 수 있는 것은 체내에서 일어나는 무수한 화학반응 덕분이지만, 이런 화학반응을 체계적으로 이해할 수 있게 된 것은 물질이 원자로 구성돼 있다고 이해하고부터다. 원자의 영어 명칭인 atom의 어원은 '쪼갤 수 없는 것'을 의미하는 그리스어 atomos인데, 이런 내용을 이해하면 수긍할 수 있는 이야기다.

하지만 원자가 가장 작은 구성요소라고 생각하던 시대는 19세기에

종말을 맞이했다. 개인적인 견해이지만, 1869년에 드미트리 멘델레예프가 '원자를 가벼운 순서대로 나열하면 비슷한 성질을 지닌 원자가 주기적으로 나타난다.'라는 관측 결과를 보고한 것이 큰 전환점이었다고 생각한다. 소위 말하는 원소주기율표를 발견한 것이다. 원자에 패턴이 있다는 사실은 원자가 '쪼갤 수 없는 것'이 아니라 그 안에 아직 보지 못한 구조가 숨어 있다는 점을 강하게 시사하기 때문이다. 이후 1897년 조지프 존 톰슨이 전자를 발견하면서 원자에 어떤 구조가 있다는 인식이 생겼다. 원자는 마이너스 전하를 띤 전자와 플러스 전하를 띤 뭔가가 모여서 만들어진 복합 입자였다. 이 전자가 이번 장 나머지 부분의 주역이다.

전자가 발견된 경위도 시사하는 바가 있으므로 더 상세하게 살펴보자. 톰슨은 소위 '음극선'의 정체가 전자라는 것을 발견했다. 진공 상태인 유리관 내부에 양극과 음극을 설치하고, 고전압을 가했더니 두 극 사이에 당시로서는 정체불명인 광선이 발생했다. 이것이 바로 음극선이다. 음극선의 존재 자체는 옛날부터 알고 있었지만, 빛과 마찬가지로 파동인지 입자인지는 이론이 갈려 있었다. 톰슨은 음극선에 자기장이나 전기장을 가하면 광선이 휘어진다는 사실을 실험 결과로 제시하며, 음극선이 마이너스 전하를 지닌 입자의 집합이라고 생각하면 그 움직임을 완벽하게 설명할 수 있다고 주장했다.

음극선의 움직임으로 알 수 있는 것은 전자에 전자기력이 작용하면 어느 정도 휘어지는가이다. 거기에는 전자가 지닌 전하(전기장에 반응하는 세기)와 질량(물체를 가속하기 어려운 정도) 양쪽이 동시에 관여하므로, 톰슨이 알아낸 것은 전자의 전하와 질량의 비율뿐이다. 톰슨은 음극선에 포함된 전자의 개수를 헤아릴 수 없었다. 심하게 말하자면, 톰슨의 실험 결과는 음극선이 입자로 이뤄져 있다는 사실을 간접적으로 보여주는 근거일 뿐이었다.

그 후, 로버트 밀리컨이 전자 한 개의 전하를 직접 측정했다. 이 실험은 상당히 결정적이어서 전하가 헤아릴 수 있는 입자임을 직접적으로 보여줬다. 톰슨과 밀리컨의 실험 결과를 합치면, 전자 질량이 수소 원자의 1,800분의 1이라고 하는 터무니없이 작은 값이라는 사실도 알 수 있다. 이렇게 되자 더는 의심할 여지가 없었다. 음극선은 마이너스 전하를 지닌 입자의 흐름이라고 생각하는 것이 가장 합리적이었다. 바로 전자의 발견이다. 지금은 당연하다고 생각하는 '전자'의 존재도 관측 결과를 합리적으로 설명하려는 꼼꼼한 노력이 쌓여서 확증된 것이다.

원자의 딜레마

원자 이야기로 돌아가자. 원자 내부에는 전자가 있지만, 전자 질량은 터무니없이 작은 값이다. 그리고 원자 자체는 전기적으로 중성이다. 즉 원자 질량 대부분은 '플러스 전하를 지닌 뭔가'가 차지하고 있다. 그렇다면 원자는 어떤 구조를 하고 있으며, 전자는 원자 내부에 어떻게 배치돼 있을까?

이에 답을 준 것은 톰슨의 제자로 원자핵 물리학의 아버지라고 불리는 물리학자 어니스트 러더퍼드다. 러더퍼드가 주목한 것은 라듐에서 나오는 방사선인 알파선이다. 알파선은 플러스 전하를 지닌 무거운 입자선(현재는 헬륨 원자핵이라고 알고 있다.)이므로, 원자 근처를 지나가면 가벼운 전자의 영향은 거의 받지 않고 원자 질량 대부분을 차지하는 '플러스 전하를 지닌 뭔가'에 반발해 그 궤도가 어긋난다. 이렇게 어긋난 정도를 역산하면 '뭔가'가 어떤 형태를 띠는지 알 수 있다.

러더퍼드는 금박에 알파선을 쏴서 알파선이 어떤 각도로 튀는지를 조사했다. 그 결과, 알파선 대부분이 관통하듯이 금박 너머에 도달한 가운데 드물게 큰 각도로 튀는 현상이 있었다. 이는 '플러스 전하를 지닌 뭔가'가 점 상태인 '핵'을 형성할 때 나타나는 특유의 현상이다. 그렇다면 마이너스 전하를 지닌 전자는 그 핵 주위를 회전하고 있어야 한다. 오늘날 많은 사람이 원자핵 하면 태양계와 비슷한 모습을 떠올리는데, 이런 원자핵의 이미지는 이렇게 탄생한 것이다.

본론은 지금부터다. 이렇게 밝혀진 원자 구조이지만, 전자기학 관점에서 보면 사실 있을 수 없는 것이다. 전하를 지닌 입자(하전입자)인 전자가 원자핵 주위를 돌고 있다는 것이 포인트다. 전자기학의 상세 내용을 설명할 여유는 없으므로 약간 일방적인 이야기가 되지만, 하전입자에서는 성게 가시처럼 전자장이 나오고 있다. 방사선 형태로 고무줄 몇 개가 공을 고정한 모습을 떠올려보자. **그림 2-6** 이런 상태의 공(하전입자)을 빙글빙글 흔들면 주위의 고무줄(전기장)도 함께 진동한다. 그 결과, 공이 지닌 운동 에너지는 고무줄의 진동을 통해 밖으로 전달되고 공은 금방 멈춰버린다. 하전입자에는 가속운동에 대한 저항력이 작용한다고 할 수 있다.

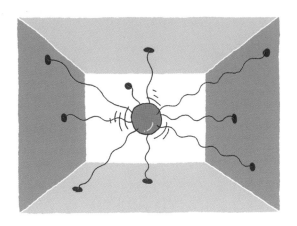

그림 2-6 하전입자와 전기장
고무줄로 고정한 공을 하전입자라고 생각하자. 공(하전입자)을 흔들면 주위의 고무줄(전
기장)도 진동한다.

전기장의 진동이 바로 전자기파(빛)다. 즉 하전입자인 전자가 원자핵
주위를 돌고 있다면, 곧바로 전자기파(빛)를 방출해서 회전이 멈추고 전
자는 원자핵과 충돌하므로, 러더포드가 실험으로 발견한 원자핵의 형태를
유지할 수 없게 된다. '하전입자인 전자가 원자핵 주위를 돌고 있다.'라는
것은 그 자체로 있을 수 없는 일이다.

여담이지만, '전하가 진동하면 전자기파가 발생한다.'라는 현상은 46
쪽에 등장한 '온도가 있는 물체는 빛난다.'라는 현상 뒤에 숨어 있다. 물체
에 온도가 있다는 것은 물체의 구성요소인 원자가 진동한다는 의미다. 원
자가 흔들리면 당연히 전하를 지닌 전자와 원자핵도 흔들린다. 이 진동으
로 발생하는 전자기파가 물체에서 나오는 빛의 정체이다. 이 밖에도 휴대
전화에서 나오는 전파도 회로 안의 전자가 진동해 발생하는 것이다. 이처

럼 평소에는 좀처럼 의식하지 못하지만, 진동하는 전하에서 빛이 나온다는 현상은 매우 흔한 일이다. 이런 현상을 의식하면 '원자핵 주위를 전자가 도는' 구조가 얼마나 이상한 상태인지를 실감할 수 있을 것이다.

전자, 너마저!

난감해졌다. "있을 수 없다면 틀린 거지?"라고 말할 수 있다면 편하겠지만, 러더포드의 실험은 원자 중심에 점 상태인 핵이 있다고 말한다. 이 관측 사실을 '전자는 가볍고 마이너스 전하를 지닌 입자이다.'라는 또 다른 관측 사실과 결합하면, 전자는 플러스 전하에 끌려서 원자핵 주위를 돌고 있다고 결론 내릴 수밖에 없다. 저쪽을 성립시키려면 이쪽이 성립하지 않는 사태가 벌어진 것이다. 다시 한번 막다른 골목에 몰렸다.

일반적인 설명을 하자면 이쯤에서 양자역학의 아버지 닐스 보어가 등장해야 하지만, 이 책에서는 설명 편의상 보어보다 프랑스 물리학자 루이 드브로이를 등장시키겠다.

드브로이는 아인슈타인의 광양자가설에 주목했다. 빛은 줄곧 파동이라고 여겨졌지만 헤아릴 수 있는 입자의 특성을 함께 지닌다고 가정하면, 광전효과를 비롯한 여러 현상을 합리적으로 설명할 수 있었다. 드브로이의 발상은 이것과 정반대다. 드브로이는 이제까지 입자라고 생각했던 전자가 사실은 파동성을 함께 지닌다고 해도 이상하겠느냐고 생각해서 '드브로이의 물질파 가설'이라 부르는 다음과 같은 가설을 제창했다. 운동량 p(kg·m/s)를 지닌 입자는 파장이 h/p(m)인 물질파이기도 하다. 여기서 운동량이란 질량과 속도의 곱이며, h는 빛을 설명한 부분에서 등장한 플랑크 상수다.

전자가 입자라면, 지구를 도는 인공위성과 마찬가지로 전자는 원자핵을 중심으로 한 어떤 반지름의 원궤도(정확하게는 타원궤도)라도 그릴 수 있다. 하지만 원자핵 주위를 도는 전자가 파동이라면 상황이 극적으로 달라져서, 띄엄띄엄한 반지름 궤도만 그릴 수 있다. 파동성을 인정하면 여러 모순을 해결할 수 있으므로, 일단 전자가 파동이면 왜 궤도가 띄엄띄엄해지는지를 이해해 보자.

전자가 파동이라면, 원자핵 주위를 도는 전자는 그림 2-4(50쪽)에서 설명한 물체 내부의 빛과 같은 상황이 된다. 물체 내부를 한 번 왕복해서 돌아온 파동이 원래 파동과 딱 맞게 중첩되지 않으면 조금씩 어긋난 무수한 파동이 간섭해서 사라져 버리는 것이다. 지금과 같은 상황에서 전자의 파동은 원자핵 주위를 한 바퀴 돌아서 돌아오므로, 한 바퀴 돌아온 파동이 자기 자신과 딱 맞게 중첩하지 않으면 그 파동은 사라진다. 즉 전자파가 영속적으로 존재하려면 전자가 지나는 길(궤도)의 길이는 파장 한 개, 두 개라는 식으로 파장의 정수배가 되어야만 한다.

궤도 길이가 길다는 것은 그만큼 원자핵에서 떨어진 곳을 돌고 있어야 한다는 뜻이다. 궤도 길이가 파장의 정수배로 띄엄띄엄하므로, 전자의 회전 반경도 역시 띄엄띄엄 존재한다. 그런데 전자는 항상 원자핵에 이끌리므로 전자가 원자핵에서 멀어지려면 그만큼 에너지가 필요하다. 즉 회전 반경이 큰 전자일수록 큰 에너지를 지녀서 그 결과로 원자핵 주위를 도는 전자 에너지도 띄엄띄엄해진다. 이것이 전자가 파동이라고 생각하면 얻을 수 있는 결론이다.

이런 설명으로 현실의 원자가 붕괴하지 않은 이유를 정성적으로 설명할 수 있다. 핵심은 에너지가 띄엄띄엄 존재하므로, 원자핵 주위를 도는 전자에게는 '가장 낮은 에너지를 지닌 궤도'가 존재한다는 점이다. 전자가 전자기파를 방출하면 그 전자는 에너지를 잃는다. 거꾸로 말하면 '에너지를 잃은 전자'가 있을 수 있는 곳이 확실하게 있으므로, 그 전자는 안심하고(?) 전자기파를 방출할 수 있는 것이다.

전자가 가장 낮은 에너지 궤도를 돌고 있다고 하자. 그 전자가 전자기파를 방출해서 에너지를 잃으려고 해도 원자핵 주위에는 더 작은 에너지를 가진 전자가 존재할 수 없으므로, 전자기파를 방출한 전자는 있을 곳이 없다. 전자기파를 내려고 해도 낼 수 없는 것이다. 그 결과 가장 낮은 에너지 궤도를 도는 전자는 안정적인 상태가 돼서 원자핵 주위를 돌 수 있다는 것이다.

이 문제만 해결한 것이 아니다. 19세기에 남아 있던 미제 가운데 하나인 '원자에서 나온 빛의 이산 스펙트럼'도 해결할 수 있었다. 형광등을 예로 들어보자. 형광등 유리관 내부에는 수은 증기가 들어 있는데, 양쪽에 고전압을 가해서 전자를 날리면(음극선과 같은 원리) 그 전자의 자극을 받아 수은이 발광한다. 수은 원자에서는 가시광선도 나오지만, 사실은 자외선을 많이 포함한다. 유리관에는 자외선이 닿으면 하얗게 빛나는 성질을 지닌 형광물질이 칠해져 있어서 유리관이 하얗게 빛나는 것이다. 결과적

수은 원자에서 나오는 빛   태양광

그림 2-7 수은 원자에서 나오는 빛과 태양광의 스펙트럼
원자를 자극했을 때 나오는 빛의 스펙트럼은 위와 같이 띄엄띄엄한 모양이다.

으로 형광등의 빛에는 형광물질이 내는 빛과 수은 원자가 내는 빛이 섞여
있다.

문제는 '수은 원자가 내는 빛'이다. 형광도료를 칠하지 않은 수은 램
프의 빛은 그림 2-7의 왼쪽 그림처럼 띄엄띄엄한 스펙트럼을 보여준다.
실제로 수은만이 아니라 원자를 자극했을 때 나오는 빛의 스펙트럼은 항
상 이렇게 띄엄띄엄한 모습이지만, 19세기까지 물리학으로 그 이유를 전
혀 설명할 수 없었다. 이것이 '원자에서 나오는 빛의 이산 스펙트럼' 문제다.

하지만 전자가 파동이고 빛이 입자(광자)라고 생각하면, 이상한 점이
없다. 먼저 전자가 파동이라면, 전자는 그 궤도마다 띄엄띄엄 에너지를 지
니고 원자핵 주의를 돌 수밖에 없다. 자연계는 기본적으로 에너지가 작은
상태로 이동하는 경향이 있으므로[2], 에너지가 큰 궤도를 도는 '흥분한 전
자'는 에너지가 작은 궤도로 이동해서 에너지 측면에서 안정되려고 한다.

---

2 이것은 더 낮은 에너지 상태에 입자가 더 많이 분포하는 통계역학의 결과다.

이때 전자는 여분의 에너지를 버려야만 한다. 광전효과를 설명할 때 본 것처럼 전자는 광자를 흡수하는 능력이 있다. 즉 반대로 전자는 광자를 방출할 수도 있을 터이니, 광자가 여분의 에너지를 옮긴다고 생각하는 것이 자연스럽다. 전자가 지닌 에너지는 띄엄띄엄하므로 그 차이에 상당하는 광자 에너지도 역시 필연적으로 띄엄띄엄하게 된다. 광자의 에너지는 진동수에 비례하므로, 결과적으로 원자에서 나오는 빛의 진동수가 띄엄띄엄하게 돼 띄엄띄엄한 스펙트럼이 나타난다는 것이 속사정이다.

물리학 역사의 시간순대로 말하자면, 전자는 어디까지나 뉴턴역학을 따르는 입자라고 생각하면서도 '원자핵을 도는 전자는 길이가 $h/p(\mathrm{m})$의 정수배인 띄엄띄엄한 궤도를 돌아야 한다.'라는 조건(보어의 양자화 조건)을 부과하고, 실제로 관측한 수은 원자 스펙트럼을 보기 좋게 재현해 보인 사람이 앞에서 이름만 등장한 보어다. 아인슈타인의 광양자가설이 플랑크의 양자가설에 분명한 의미를 부여한 것처럼 드브로이의 물질파 가설은 보어의 양자화 조건에 의미를 부여했다.

물질파 가설이 발표되고 얼마 되지 않아서 전자선을 결정에 쏘는 실험을 했고, 전자가 간섭 현상을 일으키는 것이 분명해졌다. 간섭은 파동 특유의 현상이다. 전자는 정말 파동이었다. 이 일은 전자에 한정된 것이 아니다. 그 후, 원자핵의 구성요소인 양성자와 중성자도 파동성을 지닌 것이 확인되면서 빛은 물론이고 이 세계를 구성하는 모든 존재가 헤아릴 수 있는 입자임과 동시에 파동성을 지닌 '양자'라는 사실이 밝혀졌다.

환상의 소멸

또 난처해졌다. 감각적으로 유추한다면 주변의 모든 것을 파고들어가면 입자 또는 파동이라는 결론에 도달하는 것은 틀림없다. 그러므로 '물체는 무엇으로 이뤄져 있을까?'라는 궁극적인 질문을 생각할 때도 물체의 근본이 입자나 파동 중 하나라는 것이 대전제였다. '빛은 입자일까 파동일까?'라는 질문이 성립할 수 있었던 것 자체가 그것을 잘 대변한다.

하지만 이번 장에서 확인한 것처럼 빛을 단순한 파동이라고 생각하거나, 전자를 단순한 입자라고 생각하면 자연현상을 설명할 수 없다. 이는 빛과 전자와 같은 존재를 오감으로 기른 개념으로 표현할 수 없다는 것을 의미한다. '세계는 보이는 그대로이다.'라는 환상이 진정한 의미에서 소멸한 것이다.

동시에 이런 사실은 우리의 세계관이 새로운 국면을 맞이한 것을 의미하기도 한다. 우리가 (단순히 오감이라고 하는 의미가 아니라 더 넓은 의미에서) 보고 있는 세계의 모습은 우리가 세계를 어떻게 이해하는지에 의존한다. 예를 들어 손을 떼면 물체가 아래로 떨어지는 것은 지금도 옛날도 당연하지만, 현대를 사는 우리는 이 현상이 중력이 작용한 결과라고 알고 있다. 지상에 중력이 작용하는 것은 당연히 지구가 있기 때문이다. 그러므로 우주 공간에는 위아래의 개념이 없다. 우주비행사가 둥둥 떠 있는 모습을 약간의 호기심과 함께 이해할 수 있는 것은 역설적으로 지상의 물체가

지면에 떨어지는 원인이 중력이라고 이해하기 때문이다.

하지만 '위아래의 개념은 중력이 초래한다.'라는 세계관은 뉴턴이 중력을 발견하기 이전에는 있을 수 없는 것이었다. 옛날 그림 중에는 평평한 대지의 끝에서 바닷물이 폭포처럼 떨어지는 상상도가 있는데, 이것은 우주 전체에 걸쳐 '위아래'라는 절대적인 개념이 있다고 생각하지 않으면 그릴 수가 없는 것이다. 중력의 개념을 아는 우리가 우주의 상상도를 그린다면 이런 모습이 전혀 아닐 것이다. 지식은 세계관에 영향을 주는 법이다.

지금 우리는 모든 존재가 양자라고 알고 있다. 하지만 많은 현대인이 원자핵의 모습을 그려보라는 부탁을 받으면, 원자핵 주위를 전자가 도는 태양계와 같은 모습의 그림을 그린다. 이는 원자핵과 전자를 작은 입자라고 생각한다는 증거인데, 이번 장에서 소개한 것처럼 이 그림은 '평평한 대지의 끝에서 바닷물이 폭포처럼 떨어지는 상상도'와 마찬가지로 틀렸다. 물론 마이크로 세계는 마이크로 세계만으로 닫혀 있는 것이 아니다. 광자와 전자는 분명히 아주 작은 존재이지만, 그것들이 일으키는 현상은 확실히 거시 세계에 영향을 미치고, 지금 이 순간에도 우리의 오감으로 포착할 수 있다.

중력과 관련한 지식이 풍경을 바꾼 것과 마찬가지로 우리가 보는 풍경의 뒤에 사실은 양자가 있다고 알게 되면, 세계를 '보는 방식'이 달라진다. 지금 이 세계는 세계관이 변천하는 한가운데에 있다고 해도 과언이 아닐 것이다. 양자를 어떻게 표현할지를 세세하게 설명하기 전에 다음 장에서는 일상의 풍경에 언뜻 보이는 양자의 모습을 소개하겠다.

제3장

빛과 전자도
양자이기 때문에

"실험과 일치하지 않으면 잘못된 것이다."

- 리처드 필립 파인먼

앞 장에서 본대로 빛과 물질 모두 그 실체는 양자다. 그것이 무엇인지는 일단 제쳐두고, 양자의 가장 큰 특징은 '파동과 입자의 이중성', 즉 파동이면서 동시에 입자이기도 한 성질에 있다. 빛이 지니는 입자성과 전자가 지니는 파동성을 염두에 두지 않고 고전 물리 상식에 따라 '빛은 파동이다.' '전자는 입자다.'라는 식으로 일방적으로 취급하면 여러 가지 모순이 발생한다. 앞 장에서 다룬 광전효과는 그 전형적인 사례이며, 모순은 마이크로 현상에 그치지 않는다. 예를 들어서 '밤하늘의 별이 보인다.'라는 매우 평범한 사실조차 빛이 입자성을 띠어야만 설명할 수 있다.

　이번 장에서는 몇 가지 사례를 소개하면서 양자가 정말 가까이 있는 존재라는 사실을 살펴보겠다. 여기서 소개하는 내용은 서로 조금씩 관련 있다. 얼핏 주제들이 달라 보이지만, 서로 관련된 주제인 만큼 각 주제가 얽혀 만들어내는 전체 모습을 파악해 보기를 바란다.

색이 보인다는 것

앞 장에서 기술한 대로 빛의 진동수(또는 광자의 운동에너지)가 변하면 빛의 색이 달라지지만, 인간이 감지하는 색은 좀 더 복잡하다. 실제로 눈에 보이는 색은 다른 진동수의 빛이 섞여도 달라진다. 예컨대 모든 파장의 빛이 섞이면 사람 눈에는 하얀색으로 보이지만, 무지개의 일곱 색깔에 흰색은 없다.

이는 인간 눈의 구조 때문이다. 인간의 망막에는 약 1억 개의 시세포가 있는데, 그중에는 빛에 반응하는 색소와 단백질을 포함한 세 종류의 '원추세포'라고 불리는 세포가 분포한다. 이 단백질들은 각각 적·녹·청을 중심으로 하는 진동수를 지닌 광자를 흡수하면 입체구조가 변한다. 그 변화에 따라 세기가 달라진 신호를 뇌에 보낸다. 그러면 뇌가 신호의 세기 분포를 색으로 변환해서 시각에 반영한다. 빛이 섞이면 신호의 세기 분포도 달라져서, 눈에 보이는 색이 달라지는 것이다. 요약하자면 인간은 적추체·녹추체·청추체에서 나오는 신호의 세기 분포를 색으로 인식한다. 적·녹·청이 빛의 삼원색이라 불리는 것은 이런 이유 때문이다. 인간 눈에 있어서 색이란 빛의 개별 진동수가 아니다. 어떤 진동수의 빛이 어느 정도 섞여 있는지, 즉 '빛 스펙트럼'을 반영한 것이다.

참고로 태어날 때부터 원추세포의 종류가 적은 사람도 있고, 반대로 많은 사람도 있다. 원추세포의 종류가 달라지면 같은 스펙트럼의 빛이 눈에 도달해도 신호의 세기 분포가 달라져서 색이 다르게 보인다. 실제로 적색광과 녹색광을 같은 색이라고 느끼는 사람도 있다. 반대로 네 종류의 원추세포를 지닌 사람은 세 종류밖에 없는 사람에게 같은 색으로 보이는 두 종류의 꽃을 다른 색으로 느낀다고 한다. '오감은 센서이며, 세상은 보이는 그대로가 아니다.'라고 몇 번이나 서술했지만, 이런 사례를 알아두면 더 이해하기 쉬울 것이다.

그러면 여기서 약간 의외의 질문을 던져보겠다. 앞 장에서 인간 눈에 보이는 빛의 파장이 380nm~770nm라고 설명했다. 이것은 왜 그런 걸까? 왜 이런 범위여야만 할까?

한 가지 답은 태양광의 스펙트럼이다. 태양광선의 스펙트럼을 측정하면 정확히 그림 2-2(47쪽)와 같은 형태다. 대기권 밖에서는 파장 460nm(에 상당하는 진동수) 부근에서 피크를 확인할 수 있다. 실은 이 사실에도 양자의 특성이 숨어 있는데, 그 점을 지적하는 것은 나중으로 미루겠다.

생물이 생존경쟁에서 이기려면 주변 정보를 수집하는 것이 필수적이다. 지상에서 빛을 사용해 효율적으로 정보를 모으려면 태양광을 최대한 활용해야 한다. 그런데 지표면에서는 530nm 부근 빛의 세기가 가장 강하다. 따라서 530nm 주변의 빛에 민감하게 반응하는 눈을 가진 생명체가 살아남았다고 추측할 수 있다. 지상의 생명체가 조금 차이는 있어도 비슷한 파장 영역의 빛을 볼 수 있는 것은 이런 이유 때문이다.

빛이 화학반응을 일으킨다는 것

여기까지는 많이 들어봤겠지만, 한 가지 잊어서는 안 되는 것이 있다. 바로 우리가 화학반응을 이용해서 빛을 감지하고 있다는 사실이다. 앞에서 눈이 빛에 반응할 수 있는 것은 원추세포에 포함된 특정 단백질의 입체구조가 변화하기 때문이라고 설명했다. 이렇게 단백질의 입체구조가 변화하는 것이 화학반응이다. 화학반응이라는 사실이 어떤 의미인지, 그리고 이런 사실이 어떻게 가시광선의 파장과 관계하는지를 이해하려면 분자와 관련한 이야기를 해야 한다.

원자핵이 하나만 있을 때, 전자는 그 주위를 돌 수밖에 없다. 하지만 두 원자가 접근하면 상황이 약간 달라진다. 이때 전자는 한 원자핵의 주위를 돌 수 있지만, 두 원자핵을 둘러싼 궤도를 돌 수도 있다. 일반적인 명칭은 아니지만, 앞으로는 한 원자핵의 주위를 도는 궤도를 '단독궤도', 여러 원자핵을 둘러싸는 궤도를 '분자궤도'라고 부르기로 하자. **그림 3-1**

제2장에서 전자 궤도의 길이가 전자파 파장의 정수배가 아니면 간섭으로 인해 파동이 존재할 수 없고, 결과적으로 원자핵 주의를 도는 전자 궤도가 띄엄띄엄 존재한다고 이야기했다. 이런 사정은 두 원자가 접근했을 때도 마찬가지라서 분자궤도의 에너지도 띄엄띄엄 존재한다. 원자가 충분히 가까워져서 단독궤도의 에너지보다도 분자궤도의 에너지 쪽이 작아지면, 그때까지 단독궤도를 돌고 있던 전자는 에너지가 더 낮은 분자궤

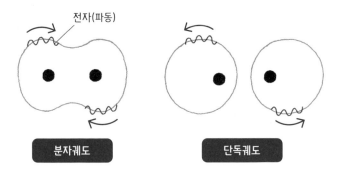

전자(파동)

분자궤도   단독궤도

그림 3-1 단독궤도와 분자궤도
원자가 충분히 가까워지면, 단독궤도를 돌고 있던 전자는 에너지가 더 낮은 분자궤도로 도약한다.

도로 도약해서 양쪽 궤도의 에너지 차이만큼의 양을 외부로 방출한다.

이렇게 되면 전자는 안정된다. 분자궤도는 에너지가 낮으므로, 외부에서 에너지를 제공해 억지로 단독궤도로 돌려놓지 않는 이상, 두 원자핵의 주위를 계속 돌기 때문이다. 결과적으로 두 원자는 거의 일정한 거리를 계속 유지할 수 있고, 원자끼리 결합한다. 이렇게 만들어진 원자 쌍이 분자다. 원자가 세 개 이상이라도 원리는 같으며, 에너지가 낮은 분자궤도가 있을 때는 연결해서 분자를 만든다. 매우 단적으로 표현하자면, 분자는 전자가 이동해서 만들어진다고 할 수 있다.

이 원리를 이해하면 화학반응을 빨리 이해할 수 있다. 한 예로 수소와 산소가 반응해서 물을 만드는 반응을 생각해 보자. 이는 수소 분자(H-H)와 산소 분자(O-O)의 결합을 풀고, 산소 원자 하나와 수소 원자 둘을 새로 결합해 물 분자(H-O-H)를 만드는 반응이다. 왜 이런 반응이 일어나는가 하면, 수소 분자와 산소 분자를 만드는 분자궤도의 에너지보다 물 분자 쪽 분자궤도의 에너지가 작기 때문이다. 즉 수소 분자와 산소 분자가 단독으로 있는 것보다 물 분자를 만드는 편이 에너지 측면에서 유리한 것이다. 수소와 산소를 섞어서 불을 붙이면 폭발하는데, 이 폭발 에너지는 전자의 궤도 에너지가 차이 나는 만큼 방출된 것이라는 사실도 동시에 알 수 있다.

이렇게 전자의 이동이 '화학반응'을 일으킨다. 원추세포에 포함된 단백질의 형태는 단백질 분자의 분자궤도가 어떤 형태를 띠는지에 따라 결정된다. 단백질의 입체구조가 변화한다는 것은 (같은 원자 집합 안의) 전자가 다른 분자궤도로 도약한다는 것이다. 이것은 분명히 전자의 이동이 유발한 화학반응이다. 이제까지 설명한 대로 화학반응이 일어나면, 전자의 궤도 에너지가 차이 나는 만큼 에너지를 방출하거나 흡수한다. 특히 시각의 근원인 단백질 구조 변화는 빛이 일으키므로, 이 변화에 관여할 수 있는 것은 원자와 분자를 도는 전자의 궤도 에너지가 차이 나는 만큼 에너지를 가지는 빛뿐이다. 이 에너지는 대략 어느 정도일까? 사실 이미 우리는 이 의문에 답할 준비가 돼 있다.

원자에서 빛이 나오는 원리를 떠올려보자. 원자는 높은 에너지 궤도를 돌고 있는 전자가 낮은 에너지 궤도로 이동할 때, 그 에너지 차이에 해당하는 광자를 방출해서 빛을 낸다. 이때 발생하는 광자의 에너지야말로 전형적인 전자 궤도의 에너지 차이다.

예컨대 터널에서 사용하는 나트륨램프가 뿜어내는 가장 밝은 오렌지색 빛은 파장이 약 590nm인데, 파장과 진동수의 관계(45쪽) 및 광양자가설(56쪽)을 사용하면 이 빛을 구성하는 광자의 에너지는 약 3.4×10^{-19}J

이라는 계산 결과가 나온다. 이것으로부터 화학반응의 전형적인 에너지는 대략 한 자리 숫자$\times 10^{-19}$J 정도일 것으로 추정할 수 있다. 한편 우리가 볼 수 있는 380nm~770nm의 파장을 지니는 광자의 에너지는 2.6×10^{-19}~5.2×10^{-19}J이다. 화학반응을 일으키는 에너지인 한 자리 숫자$\times 10^{-19}$J과 멋지게 일치한다. 이것은 우연이 아니다. 우리가 화학반응을 사용해서 빛을 검출하는 이상, 화학반응에 관여할 수 있는 이 정도의 에너지를 가지는 광자만을 감지할 수 있는 것은 필연이다.

건전지의 전압이 1.5V라는 것

사족이지만, 건전지의 전압이 수 볼트 정도인 것도 같은 이유 때문이다. 건전지는 화학반응으로 전자에 에너지를 제공해서 전류를 만들어낸다. 즉 건전지 내부에서 전자가 획득한 에너지는 한 자리 숫자$\times 10^{-19}$J 정도다. 전압 1V는 1C(쿨롱)의 전하에 1J의 에너지를 줄 수 있는 능력이다. 전자의 전하가 약 1.6×10^{-19}C이므로, 만일 건전지 내부에서 전자가 획득한 에너지가 2.4×10^{-19}J이라고 하면, 건전지의 전압은 2.4÷1.6=1.5V가 된다. 건전지 전압이 이 정도인 것은 건전지가 화학반응을 사용해서 전자를 움직이기 때문에 발생하는 필연이다. 건전지의 전압과 가시광선, 얼핏 보기에는 전혀 관계가 없을 것 같은 두 현상의 원리가 같다는 사실에서 신기함을 느꼈으리라 믿는다.

여기서 만일 빛이 양자가 아니라, 단순히 파동이라면 어떨까? 만일 그렇다면 빛의 에너지는 진동수가 아니라 진폭, 즉 밝기가 결정해야 한다. 그럼 단백질의 입체구조를 변화시킬 수 있는 에너지를 제공하려면 일정한 수준 이상의 밝기를 지닌 빛을 쪼여야만 한다. 즉 진동수가 일정하더라도 빛을 밝게 하면 단백질이 반응해서 뇌에 신호를 보낼 수 있다. 그 결과, 뇌에 도달하는 신호의 분포가 달라지고 인지하는 색도 달라져야만 한다. 예를 들어서 어두운 방은 전부 붉게, 밝은 방은 전부 푸르게 보여야 한다. 물론 이것은 사실과 다르다. 실제로는 일정한 진동수의 빛이 밝기가 달라져도 같은 색으로 보인다.

더 나아가서 만일 빛이 단순히 파동이라면, 어두운 빛이라도 장시간 쪼이면 큰 에너지를 공급할 수 있다. 그렇다면 휴대전화의 전파처럼 파장이 긴 빛이라도 망막에 장시간 쪼이면 단백질은 입체구조를 바꿔야 한다. 휴대전화의 전파를 쭉 보고 있으면 전파가 눈에 보인다는 얘기다. 물론 실제로는 가시광선 외의 전자기파를 아무리 눈에 쪼여도 보이지 않는다. 이 것은 광자 하나가 전자 하나를 튕겨내는 광전효과처럼 단백질의 입체구조 변화가 기본적으로 광자 하나에 의해 일어나기 때문이다.

이처럼 빛이 입자성을 띠는 것을 인정하지 않으면, 우리 주변의 물체가 특정한 색으로 보이는 것도, 날아다니는 전파가 눈에 보이지 않는 것도 설명할 수 없다. 역사에 만약은 없지만, 만일 조상들이 '빛의 색은 무엇일까?'라는 의문을 깊게 생각했다면, 빛이 양자라는 사실에 좀 더 일찍 도달할 수도 있었을 것이라고 종종 생각한다.

불꽃놀이가 밤하늘을 채색한다는 것

　불꽃반응이라는 현상을 알고 있는가? 불꽃에 금속을 갖다 대면, 나트륨은 노란색, 구리는 녹색, 리튬은 짙은 적색, 칼륨은 담자색으로 불꽃의 색깔이 변한다. 이처럼 금속 고유의 색으로 불꽃색이 변하는 현상이 불꽃반응이다. 만일 본 적이 없다면 가스레인지 불꽃에 식염을 흩뿌려보라. 불꽃 일부가 밝은 노란색으로 변하는 모습을 볼 수 있다. 물론 이것은 식염(염화나트륨)이 나트륨 원자를 포함하고 있어서다. 화약에 특정 금속을 섞으면 화약이 탈 때 불꽃반응이 일어나 불꽃에 색이 나타난다. 불꽃놀이 기술자들은 화약에 다양한 금속을 섞어서 밤하늘에 화려한 불꽃을 수놓는다.

　오늘날의 우리라면 이 원리를 금방 이해할 수 있다. 금속을 불꽃에 갖다 대면 불꽃의 열이 금속에 에너지를 공급해서 금속 온도가 높아진다. 이 에너지 일부는 금속 원자핵 주위를 도는 전자에게 전해지고, 일부 전자는 에너지가 더 높은 궤도로 도약한다. 그러면 에너지가 낮은 궤도에 빈자리가 생기므로, 에너지가 높은 궤도에 있는 전자가 그곳으로 떨어진다. 이때, 궤도의 에너지 차이에 해당하는 만큼 광자가 튀어나온다. 이것이 불꽃반응의 원리다. 앞 장에서 원자가 빛나는 원리를 설명했는데, 이와 같다. 실제로 불꽃반응으로 발생하는 빛을 분광해 보면, 그림 2-7(67쪽)의 왼쪽 그림처럼 띄엄띄엄한 스펙트럼을 볼 수 있다. 앞서 설명한 대로 사람 눈에 보이는 빛의 색은 그 빛의 스펙트럼이 결정한다. 불꽃반응으로 생기는 빛의 색이 금속마다 다른 것은 금속마다 스펙트럼의 패턴이 다르다는 의미다. 이것은 원자 종류별로 원자핵 주위를 도는 전자가 얻는 에너지가 다르다는 사실을 그대로 반영한 것이다.

만일 전자가 보통의 입자라면 어떨까? 그렇다면 원자핵 주위의 전자는 어떤 반지름을 가진 궤도에서도 돌 수 있으므로, 전자는 작은 에너지라도 흡수하거나 방출할 수 있다. 즉 금속의 종류가 무엇이든 전자는 그림 2-7의 오른쪽 그림과 같은 연속 스펙트럼을 지닌 빛을 내보내서 사람 눈에는 하얗게 보여야 한다. 불꽃놀이의 색도 전부 흰색이라는 말이고, 밤하늘을 채색하는 불꽃놀이도 존재할 수 없을 것이다. (단, 이때는 앞 장에서 설명한 대로 전자 궤도가 점점 작아지므로 원자 그 자체가 순식간에 붕괴해버리고, 인간도 존재할 수 없겠지만) 참고로 우리 주변에 있는 여러 물체가 특정한 색을 반사하는 것도 원리가 이와 같다. 전자가 양자이기 때문에 불꽃놀이의 색을 즐길 수 있고, 주변 물체가 색을 띠는 것이다.

태양의 모습이 그렇다는 것

필자가 대학에서 강의할 때, 가끔 이런 질문을 학생들에게 던진다. "태양은 무엇으로 이뤄져 있는지 알고 있습니까?" 그러면 "음, 생각한 적이 없는데요."라는 답이 많이 나와서 오히려 놀라곤 한다. 답부터 말하자면 태양은 수소(그리고 헬륨) 덩어리다. 질량은 지구의 약 33만 배. 표면 온도는 놀랍게도 약 6,000K(켈빈)이다. 술자리에서 써먹을 수 있는 작은 얘깃거리로 기억해 두는 것도 나쁘지 않을 것이다.

필자도 일단은 전문가에 속하니까, 필자가 말한 바를 무조건 믿을지도 모르겠다. 하지만 이것도 어차피 전해 들은 정보라는 점을 잊어서는 안 된다. 어쩌면 장대한 거짓말일 수도 있다. 그렇다면 이런 일련의 지식은 어떻게 확인할 수 있을까?

태양의 질량을 측정하는 방법은 재미있지만 이 책의 취지를 벗어나므로 눈물을 머금고 생략하고, 양자와 관계있는 태양의 표면 온도에 집중하자. 표면 온도는 태양광의 스펙트럼으로 알 수 있다. 사실상 태양광의 스펙트럼을 측정하면 그림 2-2(47쪽) 같은 그래프를 보게 된다. 그 형상은 온도가 6,000K일 때 플랑크의 계산 결과와 딱 맞아떨어진다. 이것이 태양의 표면 온도가 6,000K이라는 지식의 근거다. 태양에 온도계를 꽂아서 측정한 것이 절대 아니다.

여기서 빛이 단순한 파동이라고 가정해 보자. 제2장을 복습하면 파동이 물체 안에 갇혀 있을 때, 진동수가 큰 파동일수록 존재 밀도가 높아졌다. 즉 같은 장에서 설명한 통계역학의 기본 원리를 따르자면 물체 내부에서는 진동수가 큰 빛일수록 높은 확률로 나타난다. 그렇다면 태양은 진동수가 큰 전자기파일수록 강하게 방출하고, 그 모습은 청자색으로 빛나면서 자외선과 감마선을 강하게 방출하는 흉악한 것이어야 한다. 물론 현실에서 태양은 전혀 다른 모습이다.

한편, 광양자가설을 가정해서 빛이 입자의 집합이라고 생각하고 통계역학의 기본 원리를 적용하면, 그림 2-2와 같은 형태의 스펙트럼을 얻을 수 있는 것은 이미 설명한 대로다. 실제로 관측한 태양광 스펙트럼이 이론적으로 예측한 스펙트럼 형태와 딱 맞아떨어지는 것은 이 이론이 태양이 빛나는 원리를 올바르게 설명하기 때문이다. 즉 통계역학의 기본 원리가 올바른 역할을 했고, 빛은 양자라는 것이다. 이것이 앞서 뒤로 미루자고 했던 태양 스펙트럼에 숨겨진 양자의 특성이다. 당연하게 보고 있는 태양의 모습은 사실 빛이 양자라서 가능한 것이다.

그렇다면 태양이 수소 덩어리라는 것은 어떻게 알았을까? 어쩌면 태양은 석탄 덩어리라서 산화 반응으로 불타고 있는 것일 수도 있다. 그렇지 않다고 어떻게 단정할 수 있을까? 여기에는 원자의 스펙트럼과 핵융합 지식이 깊은 관련이 있다. 그림 2-7(67쪽)의 오른쪽 그림은 태양광선의 스펙트럼인데, 이 스펙트럼을 잘 관측하면 그림 3-2와 같이 '프라운호퍼선'이라 불리는 띄엄띄엄한 암선(暗線)을 확인할 수 있다. 이런 암선이 나타나는 위치는 여러 종류의 원자가 내는 (그림 2-7의 왼쪽 그림과 같은) 띄엄띄엄한 스펙트럼 위치와 딱 맞아떨어진다.

이 암선은 원자가 발광하는 원리의 반대 현상으로 생기는 것이다. 즉 에너지가 낮은 궤도를 돌고 있는 전자가 궤도 차이에 해당하는 에너지를 지닌 특정 광자를 흡수해 에너지가 높은 궤도로 도약한 결과다. 원자에서 방출되는 빛과 같은 에너지를 지닌 빛을 흡수하므로, 연속 스펙트럼에서 원자 고유의 띄엄띄엄한 스펙트럼이 검게 빠진다. 이것이 프라운호퍼선이다.

그러면 그림 3-2의 암선은 태양과 지구 사이에 있는 물질이 태양광 일부를 흡수해서 생겼다고 생각하는 것이 가장 자연스럽다. 암선 중에는 산소 분자처럼 지구 대기 성분이 흡수했다고 여겨지는 것뿐만 아니라, 지

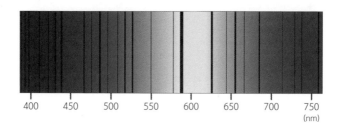

400　　450　　500　　550　　600　　650　　700　　750
(nm)

그림 3-2 프라운호퍼선
태양광선의 스펙트럼. 세로로 몇 줄 들어가 있는 것이 프라운호퍼선이다.

구 대기로는 설명할 수 없는 물질에서 유래한 암선도 있다. 그 대표적인
사례가 수소와 헬륨이다. 이들은 지구 대기에 거의 들어 있지 않으며 우주
공간은 거의 진공이므로, 태양 대기에 의해 흡수됐다고 생각할 수밖에 없
다. 그러므로 태양에는 수소와 헬륨이 있다는 결론이 나온다.

　　그리고 수소 덩어리가 고온이 되는 것은 산화 반응이 아니라, 수소의
원자핵(양성자) 네 개가 융합해서 헬륨 원자핵 한 개가 되는 '핵융합 반응'
덕분이다. 태양 온도가 단순한 연소로는 설명할 수 없을 정도로 높은 이유
뿐만 아니라 프라운호퍼선에 수소는 물론 헬륨의 암선이 보이는 이유도
이것으로 설명할 수 있다. 지금은 이를 바탕으로 태양 내부 구조와 자기장
같은 세세한 특성도 설명할 수 있다.

우리가 여기에 있다는 것

밤하늘에 빛나는 별도 마찬가지다. 별빛을 분광해서 스펙트럼을 조사하면, 태양과 마찬가지로 그림 3-2와 같은 암선을 볼 수 있다. 이 암선은 태양과 마찬가지로 수소와 헬륨을 비롯한 원자의 흡수선과 일치한다. 이것은 밤하늘에 빛나는 별 대부분이 태양처럼 수소의 핵융합으로 빛난다는 의미다. 역으로 말하자면, 지구 하늘에 찬연하게 빛나는 태양은 우주에서 보면 특별하지 않은 존재라는 뜻이기도 하다.

이야기는 여기서 끝나지 않는다. 별이 수소 핵융합으로 빛난다는 것은 별이 불타는 내부에서 수소를 소비해 헬륨의 비율이 증가한다는 말이다. 그러면 장시간 불타서 연료인 수소가 적어짐에 따라 예전처럼 수소 핵융합을 일으키기 어려워진다. 별 내부의 핵반응이 약해져서 자체의 무게를 지탱하던 내압이 약해지면 별이 찌부러질 것이다.

자전거 타이어에 공기를 넣을 때, 공기 주입기의 실린더 부분을 만져 보면 뜨겁다는 사실을 아는 분도 많겠지만, 일반적으로 물체를 압축하면 온도가 높아진다. 이런 사정은 별에서도 마찬가지라서 별이 찌부러지면 내부 온도가 상승한다.

마침내 중심 부분이 헬륨 핵융합을 일으키기에 충분한 온도에 도달하면, 별 내부에서 다시 핵융합 반응이 일어난다. 그러다 다시 연료인 헬륨이 부족해지면 역시 위에서 설명한 사이클을 반복한다. 이 사이클이 어디까지 계속되고, 별의 최후가 어떤지는 그 별의 무게에 따라 달라진다. 어쨌든 최종적으로 핵융합 반응을 할 수 없게 된 별은 자신의 모습을 유지할 수 없으며, 그때까지 자신 안에서 만들어냈던 여러 원소를 우주 공간에 방출한다. 별은 원소를 생성하는 공장인 것이다.

여기서 시점을 별의 세계에서 우리 주변으로 옮겨보자. 우리 주변의 물질은 실로 다양한 종류의 원소로 이뤄져 있다. 가장 친근한 우리 몸부터 유기물, 즉 탄소를 중심으로 한 화합물이다.

한편 (상세한 내용은 생략하지만) 여러 상황 증거로 볼 때, 갓 태어난 우주에는 거의 수소와 헬륨밖에 없었다고 생각된다. 그렇다면 주변에 있는 여러 원자는 어디에서 온 것일까. 그렇다. 바로 별 내부에서 합성됐다고밖에 생각할 수 없다.

우리가 지금 여기에 있다는 사실 자체가 옛날 큰 항성이 수명을 다했을 때, 그 항성 안에서 합성된 무거운 원소가 우주 공간으로 흩어졌다가 다시 모여서 태양계를 형성했다는 확실한 증거다. 우리는 글자 그대로 '별의 조각'인 것이다.

이런 지식의 가장 밑바닥에 원자가 내는 빛의 스펙트럼이 있다. 원자에서 내는 빛의 스펙트럼 모양이 띄엄띄엄하며, 원소별로 다른 패턴을 나타내는 것은 전자가 파동 특성을 띠는 양자이기 때문이다. 전자가 양자라는 사실 자체가 태양과 별의 정체를 알려주며, 우리의 뿌리가 별에 있다는 놀라운 사실을 가르쳐준다.

밤하늘에 별이 보인다는 것

필자는 학창 시절 표고 3,000m 정도에 있는 산장에서 숙식이 포함된 아르바이트를 한 적이 있는데, 매일 밤하늘을 바라보는 것이 즐거웠다. 지구에서 맨눈으로 볼 수 있는 항성은 하늘 전체에 약 8,600개라고 하는데, 산에서 보는 밤하늘은 말 그대로 별의 바다였다. 압권이라는 말밖에 나오질 않았다. 달빛과 별빛이 정말로 밝다고 실감한 것은 그때가 처음이었다.

그러면 그렇게 많은 별은 지구에서 얼마나 먼 거리에 있을까? 우리가 주변 물체와의 거리를 느낄 수 있는 것은 우리가 두 눈으로 물체를 보기 때문이다. 예를 들어서 한 손의 검지를 세우고 다른 손으로 한쪽 눈을 가려보자. 가리는 눈을 바꾸면, 시야 안에서 손가락이 이동하는 것을 알 수 있다. 이것은 오른쪽 눈에 들어온 빛과 왼쪽 눈에 들어온 빛이 평행하지 않기 때문에 일어나는 현상으로 '시차'라고 부른다.

시차는 거리가 가까울수록 커진다.(손가락 실험을 눈앞에서 하면 금방 알 수 있다.) 시차는 거리 정보를 포함한다. 사실상 인간 눈에는 항상 각도가 조금씩 어긋한 빛이 동시에 들어오며, 뇌가 그 어긋남을 거리 정보로 바꿔 읽어서 시각에 반영한다. 우리 시야에 거리감이 있는 것은 그런 이유 때문이다. 가끔 보는 3D 영상은 이 원리를 이용해 좌우 눈에 조금씩 어긋난 영상을 보여줘서 원근감을 만들어낸다.

그러면 별까지의 거리는 눈으로 보고 알 수 있을까? 아쉽게도 그것은 무리다. 별이 너무나 멀리 있어서 양쪽 눈 사이의 거리 정도로는 측정 가능한 시차를 만들어낼 수 없기 때문이다. 하지만 이 방법은 거리를 측정하는 원리로서는 유효하다. 두 관측점을 충분히 떨어뜨리면, 멀리 있는 물체라도 관측할 수 있는 시차를 만들어내서 거리를 측정할 수 있다. 이것을 '삼각측량'이라 부른다. 관측점의 거리가 떨어져 있을수록 먼 물체의 거리를 정확하게 측정할 수 있다.

지상의 인간이 만들어낼 수 있는 관측점 사이의 최대 거리는 어느 정도일까? 지구의 지름(약 1만 3,000km) 정도일까? 아니다, 더 긴 거리를 쉽게 만들어낼 수 있다. 바로 지구 공전궤도의 지름(약 3억 km)이다. 예를 들어서 여름에 어떤 별을 관측하고, 겨울에 같은 별을 관측하면, 약 3억 km 떨어진 두 점에서 같은 별을 본 것이 된다. 이때 별이 보이는 각도 차이를 관측할 수 있으면 지구에서 별까지의 거리를 계산할 수 있다. 현재 기술이라면 대략 100광년(빛의 속도로 100년 걸려 도달하는 거리) 이내에 있는 별의 거리를 이 방법으로 측정할 수 있다.

그것보다 먼 별의 거리는 어떻게 측정할 수 있을까? 힌트는 100광년 이내에 있는 별을 조사해서 알게 된 별의 색과 밝기의 관계에 있다. 거리가 두 배가 되면 밝기는 4분의 1이 되므로, 거리를 알면 그 별의 밝기를 추정할 수 있다. 100광년 이내의 별은 거리를 측정할 수 있으므로, 밝기를 알 수 있다. 그러면 재미있게도 별의 색(스펙트럼)과 밝기가 서로 관련이 있다는 것을 알 수 있다. 이 관계를 사용하면 직접 거리를 측정할 수 없을 정도로 멀리 있는 별이라도 색을 관측해서 그 밝기를 추정할 수 있으므로, 실제 밝기와 비교해서 거리를 추정할 수 있다. 은하계 내에 있는 별의 거리는 이런 방법으로 측정할 수 있다. 예를 들어서 항해에서 중요한 역할을 하는 북극성은 지구에서 433광년 떨어진 곳에 있다.

독자 여러분이 슬슬 이 책이 양자역학을 다룬 책이라는 사실을 잊을 때가 된 것 같아서 원래 주제로 돌아가겠다. 여기에서 이야기하고 싶었던 것은 북극성이 433광년 떨어진 곳에 있다는 지식에도 단순하면서도 견고한 근거가 있다는 점이다. 이것은 다른 별도 마찬가지라서 지구에서 맨눈으로 밝게 보이는 별은 대부분이 수백 광년 이내에 있다. 이 사실을 의심하는 것은 상당히 어렵다. 그리고 별이 이런 거리에 있다는 사실을 받아들이면 빛의 양자성이 얼굴을 내민다.

일례로 북극성에 초점을 맞춰보자. 북극성이 1초간 방출하는 빛 에너지양은 그 밝기와 거리로부터 환산해 보면, 태양의 2.5배에 상당하는 9.5×10^{26}J 정도다. 북극성에서 나오는 빛은 구면 형태로 퍼져가므로, 지구에 도달할 무렵에는 반지름 433광년인 구면 위에 9.5×10^{26}J의 빛 에너지가 균일하게 분포한다고 생각해도 좋을 것이다. 지상에서 하늘을 올려다보는 우리 눈 동공의 넓이는 크게 잡아도 50mm^2 정도다. 그러면 북극성이 방출한 빛 가운데 우리 눈에 들어오는 빛 에너지는 매초 2.3×10^{-16}J 정도라고 할 수 있다. 여기서 물어보겠다. 이 빛은 볼 수 있을까?

빛이 단순한 파동이라고 생각해 보자. 눈 표면에 일정하게 들어온 빛은 각막과 수정체에 의해 망막에 모인다. 눈이 좋은 사람이 구별할 수 있는 별의 위치는 각도로 약 10분(6분의 1도)이므로, 별빛은 이 정도 범위에 모인다고 생각하는 것이 타당하다. 한쪽 눈의 시야는 약 150도이므로, 넓이로 환산하면 망막 전체의 100만분의 1 정도 영역에 별에서 나온 빛이 닿는다. 별을 보는 것은 망막 안에서도 감도가 좋은 부분이라는 사실을 반영하면, 반응할 수 있는 시세포 개수는 300개 정도라고 할 수 있다. 다만, 문헌을 찾아보면 망막에 도달해서 시각에 이바지하는 빛은 각막으로 들어온 빛 전체의 10% 정도라고 한다. 이 정보들을 종합하면, 북극성에서 나온 빛 가운데 시세포 하나가 받아들이는 에너지는 눈 표면에 도달한 에너지의 약 3,000분의 1, 즉 매초 7.5×10^{-20}J 정도라고 대략 계산할 수 있다. 화학반응의 전형적인 에너지는 10^{-19}J 정도이므로, 이 빛이 단백질의 입체구조를 변화시키려면 1초 정도 빛을 쪼여야만 한다. 북극성이 비교적 밝은 2등성이라는 현실과는 맞지 않는 결론이다.

한편, 빛이 광자의 집합이라고 가정해 보자. 눈에 들어오는 매초 4.5×10^{-16}의 에너지를 지닌 빛을 가시광선의 대표적인 파장인 500nm의 광자로 환산하면 광자 1,200개 정도가 된다.(실제로는 파장에 분포가 있으므로 더 많아야 하지만, 이야기를 단순화한 것이다.) 광자 하나가 4.0×10^{-19}J 정도의 에너지를 지닌 입자이므로, 광자 하나로 시세포 하나의 단백질 입체구조를 변화시킬 수 있다. 생리학 연구에 의하면 인간은 광자 30개가 눈에 들어오면 보인다고 반응한다. 광자 1,200개 정도는 이것과 비교해서 매우 많으며, 현실적으로 북극성이 밝은 별이라는 사실과 모순되지 않는다. 빛이 양자라고 생각하지 않으면 '밤하늘에 별이 보인다.'라는 당연한 사실조차 설명할 수 없는 것이다.

어떤가? 주변을 둘러보면 여러 색이 눈에 들어오고 하늘에는 태양이 빛나며, 만일 맑은 날의 밤이라면 별들을 바라볼 수도 있다. 당연한 일상이다. 하지만 이런 사실을 모순되지 않게 설명하려면, 빛이 입자성을 지니며 전자가 파동성을 지닐 필요가 있다. 물론 기름막이 무지개색으로 빛나는 사실을 설명하려면 빛이 간섭 현상을 일으키는 파동일 필요가 있고, 음극선의 움직임은 전자가 전하를 지닌 입자라고 생각하지 않으면 설명할 수 없다. 19세기까지의 인식도 물론 틀린 것은 아니다. 이것은 결국, 이런 일상이 정말 일상으로 남으려면, 그리고 우리가 세상을 이렇게 인식하려면 빛과 물질이 입자인 동시에 파동인 양자여야 한다는 뜻이다. 일상 풍경에 양자의 모습이 확실하게 담겨 있다고 느낄 수 있겠는가?

세상의 근본에 양자가 있다고 알게 된 지금, 세상을 이해하고 싶으면 양자가 어떤 원리에 근거해서 움직이는 존재인지 시선을 돌리지 말고 바라봐야만 한다. 다음 장에서는 양자를 어떻게 표현하면 좋을지를 생각하고, 그 본질에 접근해 가자.

제4장

양자의 세계로

"수학은 논리적인 생각을 표현하는 한 편의 시다."

- 알버트 아인슈타인

지금까지의 이야기를 읽고 이런 생각을 한 독자가 있지 않을까? '과학은 현상을 설명하는 것이잖아? 빛도 전자도 상황에 맞춰서 파장으로 간주하거나 입자로 간주하거나 해서 고전물리학을 응용하면 설명할 수 있었잖아. 수소 스펙트럼까지 정량적으로 재현할 수 있으니까 이대로도 충분하지 않나?'

지금이니까 고백하지만, 고등학교 시절에 필자가 정말 이렇게 생각했다. 하지만 역시 이런 생각은 잘못된 것이다. 제2장과 제3장에서 소개한 방법으로 나름 현상을 설명할 수 있다고 해도 상황에 맞춰서 전자와 빛을 입자라고 생각하거나 파동이라고 생각하는 것은 말하자면 편의주의다. 보어의 모형과 드브로이의 물질파 가설에 근거한 수소 스펙트럼 계산은 전형적인 편의주의의 사례다. 일단 전자를 입자로 간주해서 뉴턴역학으로 계산하고, 그다음에 전자를 파동이라고 간주해서 전자가 정상적으로 존재할 수 있는 조건을 생각하지만, 어떤 상황에서 입자와 파동을 구분해서 사용할지 분명한 기준이 없다. 뉴턴역학과 파동역학은 원래 점 입자와 단순한 파동을 다루려고 만든 체계다. 이 이론을 '입자도 파동도 아닌 무언가'에 사용하는 것은 자기모순이며, 조심스럽게 말하더라도 적용 한계를 넘어선 것이다.

실제로 보어의 방식으로 헬륨 원자의 스펙트럼을 계산하면, 현실에서 관측한 결과와 일치하지 않는다. 고전물리학의 도움을 받아 입자와 파동을 그때그때 구분해서 양자 현상을 설명하던 양자론 여명기의 방식은 '초기 양자론'이라 부르지만, 친숙한 묘사를 사용해서 연상하기 쉽다는 장점이 있을 뿐, 설명이 자의적이며 예측 능력도 한정적이다. 물리로서는 충분하다고 할 수 없다.

양자역학이 완성된 지금 관점에서 본다면, 초기 양자론이 잘 맞지 않는 이유를 쉽게 알 수 있다. 시적인 표현을 허락해 준다면, 고전물리학에는 양자를 표현할 만큼의 '그릇'이 준비되지 않은 것이다. 고전물리학의 대표라고 할 수 있는 뉴턴역학은 입자를 질점으로 간주해서 그 질점의 위치와 속도를 실수 성분의 3차원 벡터라는 수학 개념으로 표현해 대성공을 거뒀다. 이런 실수와 3차원 벡터가 질점을 표현하는 그릇이다. 우리가 평소 다양한 물체의 운동을 연상할 수 있는 것은 우리 자신이 이런 그릇을 감각적으로 체득했기 때문이다.

초기 양자론은 고전물리학을 위해 준비된 그릇에 '양자'라는 미지의 존재를 담으려는 시도다. 그렇지만 지금부터 설명하는 것처럼 양자를 표현하는 데 필요한 그릇은 고전물리학에서 준비한 어떤 그릇보다도 훨씬 큰 것이다. 크기가 부족한 그릇을 사용해 양자를 퍼담으려는 초기 양자론에 무리가 발생한 것은 당연한 일이었다. (물론 어느 정도 흘러넘치는 것을

신경 쓰지 않는다면, 방법에 따라서는 본질을 알기 쉽게 뽑아낼 수 있는 것도 틀림없지만)

양자를 표현하는 데 고전물리학이 도움이 되지 않는 이상, 양자 현상을 바르게 설명하고 정확한 예측을 가능하게 하려면, 고전물리학을 넘어서야 한다. 그래서 이번 장에서는 처음으로 고전 세계에서 양자 세계로 넘어가는 데 성공한 독일의 젊은 과학자 베르너 하이젠베르크의 아이디어를 단서로 해서 고전물리학과는 근본적으로 다른 양자 세계로 들어가 보겠다.

하이젠베르크의 도약

우리는 통상적으로 입자의 위치와 속도를 일반적인 숫자로 표시한다. 그리고 제1장에서 강조한 것처럼 위치와 속도를 결정하려면 반드시 어떤 측정이 필요하다. 하이젠베르크는 이런 '측정'이라는 행위를 깊이 파고들어 가서 양자의 위치와 속도는 통상적인 숫자가 아니라, 행렬로 표현해야한다고 생각했다. 하이젠베르크가 시도한 이 첫 도약은 진정한 정답이었다.

'위치가 행렬? 도대체 무슨 소리를 하는 거야? 애초에 행렬이 뭐야?' 아마 많은 독자가 이런 생각을 했을 것이다. 이 생각이 꾸밈없는 마음의 목소리이지 않을까. 그렇지만 걱정할 필요는 없다. 처음부터 추상적인 사고가 있었던 것은 아니다. 위치와 속도를 일반적인 숫자로 나타낼 수 없다는 것은 상식을 벗어난 발상이지만, 양자를 꼼꼼하게 관측했을 때 나타나는 위치와 속도 사이의 이상한 관계를 진지하게 받아들인다면, 어느 정도의 도약은 필연적이다. 이 도약이 초래하는 양자의 움직임을 잘 표현하는데 수학 세계에서 '행렬'로 불리는 개념이 재미있을 정도로 딱 들어맞는다. '행렬'이라고 하는 추상적인 존재를 처음부터 도입한 것이 아니라, 자연계를 설명하려다 보니 행렬이라는 개념이 필요해진 것이다. 하이젠베르크가 걸었을 이 길을 우리도 한 걸음씩 걸어가 보자.

현미경의 원리

양자를 관측한다고 해도 하이젠베르크가 살던 시대에는 양자를 정밀하게 측정할 수 없었기 때문에 여기서 말하는 '관측'이란 사고실험, 즉 이상적인 상황을 상정하고 만일 그런 상황이 실현된다면 어떤 현상이 일어날지를 생각하는 뇌 속 시뮬레이션을 말한다. 하이젠베르크는 다양한 사고실험을 제안했지만, 여기서는 대표적인 사고실험인 '감마선 현미경'을 소개하겠다. 우선은 준비 단계로 통상적인 현미경의 원리부터 살펴보자.

현미경에도 여러 종류가 있지만, 여기서는 빛을 쪼여서 보고 싶은 부분을 확대하는 '광학현미경'을 생각한다. 그림 4-1은 물체 표면에 그려진 작은 무늬(한글 '가')를 현미경으로 확대할 때의 개념도다. 이때 '가' 주변에서 반사된 빛이 렌즈에 의해 모여서 눈으로 들어가 시야를 점유하기 때문에 '가' 주변의 영역이 시야 전체로 확대된다. 이렇게 해서 맨눈으로는

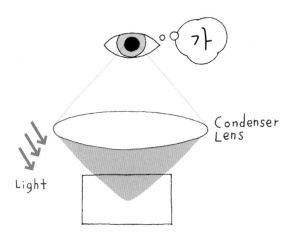

그림 4-1 광학현미경 개념도
물체에 그려진 '가'라는 글자 주변에서 반사한 빛이 렌즈에 의해 모여서 눈으로 들어가 시야를 점유하기 때문에 '가' 주변 영역이 시야 전체로 확대된다.

점으로만 보이던 검은 표시가 사실 한글 '가'의 형태를 취한 선이라고 알 수 있다. 돌려서 표현하자면, 문자를 구성하는 선의 위치를 읽었다는 것이다. 이것이 광학현미경의 대략적인 원리다.

지금 설명한 내용에 암묵적인 양해가 몰래 숨어 있다는 점을 알아차렸는가? 바로 관측에 사용한 빛의 파장이 관측 대상보다 매우 짧다는 사실이다. 이것을 가정하지 않으면 지금의 설명은 거짓이 돼버린다.

포인트는 제2장에서 언급한 회절 현상이다. 42쪽에서 설명한 이중 슬릿 실험에서 파동이 좁은 틈을 통과하면 동심원 모양으로 퍼져가는 것은 바로 회절 때문이었다. 회절 현상은 보편적인 현상으로 좁은 틈을 통과할 때뿐만 아니라 파동이 반사할 때도 일어난다. 특히 파동이 좁은 범위에서 반사하면, 그 '좁은 범위'가 좁은 틈과 같은 역할을 해서 반사파가 퍼진다.

여기서 파장이 길수록 회절 현상이 두드러지게 나타난다는 사실을 떠올려보자. 즉 좁은 틈의 폭과 비교해서 파장이 매우 짧다면 파동은 거의 퍼지지 않지만, 파장이 좁은 틈보다 길면 파동은 강하게 회절해서 넓은 범위로 퍼져나간다.

앞에서 예로 든 현미경의 원리를 다시 생각해 보자. 확대한 시야 속에서 '가'를 구성하는 검은 선이 선명하게 보이는 것은 선 주변에서 반사한 빛이 거의 퍼지지 않고 렌즈에 도달했기 때문이다. 이것은 선폭과 비교해서 회절 정도는 무시할 수 있을 정도로 작았다는 의미다. 이런 사실로부터 선의 굵기와 비교해서 빛의 파장이 매우 짧음을 알 수 있다. 그렇지 않다면 선에서 반사한 빛이 회절 현상 때문에 크게 퍼져나가고, 문자가 시야 속에서 흐릿하게 펼쳐져서 판별할 수 없을 것이다. 그래서 앞의 설명은 관측에 사용하는 빛의 파장이 관측 대상보다 매우 짧다는 것을 대전제로 한다.

이처럼 현미경의 화상은 사용하는 빛의 파장 정도로 흐릿해지며, 특히 파장보다 작은 대상은 선명하게 볼 수 없다. 일반적으로 화상 위에서 구별할 수 있는 가장 짧은 길이를 '분해능'이라 부르는데, 지금 서술한 사정 때문에 현미경의 분해능은 아무리 노력해도 사용하는 빛의 파장보다 극적으로 작아질 수 없다. 이것은 '회절'이라고 하는 빛이 지닌 근원적인 성질 때문이므로, 현미경 제조사가 아무리 궁리하더라도 넘을 수 없는 한계다.

이처럼 광학현미경이란 '사용하는 빛의 파장 정도의 오차 범위 내에서 위치를 특정하는 측정 장치'다. 가시광선의 파장은 수백 nm이므로

1,000nm(1μm) 정도 크기의 물체라면 가시광선을 사용해서 깨끗하게 확대할 수 있다. 하지만 대상이 더 작아지면 이야기가 달라진다. 가시광선을 사용해서 100nm 정도의 물체를 보려고 해도 물체 크기가 분해능보다 작아서 깨끗한 화상을 얻을 수 없다. 이 물체를 선명하게 보고 싶으면, 분해능을 100nm 이하로 만들어야 한다. 즉 파장이 짧은 자외선을 사용해야 한다. 광학현미경을 사용할 때는 어느 정도 크기의 물체를 보고 싶은지에 맞춰서 사용하는 빛의 파장을 바꿔야만 한다.

전자를 관찰하는 감마선 현미경

여기서 갑자기 '광학현미경으로 전자를 보고 싶다!'라는 충동에 사로잡혔다고 하자. 전자는 원자(크기는 0.1nm)와 비교해도 단위가 다를 정도로 작다. 그러므로 그 위치를 분명하게 특정하려면 가시광선보다 훨씬 파장이 짧은 감마선을 사용해야 한다. 이것이 '감마선 현미경'이라는 이름의 유래다.

하지만 감마선을 사용한다고 해도 어차피 광학현미경이다. 분해능의 한계에서 벗어날 수는 없으므로, 얻을 수 있는 화상은 아무리 애써도 감마선의 파장만큼 흐릿해진다. 이렇게 흐릿해지는 정도가 관측으로 발생하는 전자 위치의 오차다.

여기서 빛이 양자라는 사실을 떠올리면 재미있는 일이 일어난다. 위치 오차가 속도 오차에 영향을 주는 것이다. 아인슈타인의 광양자가설에 따르면 빛은 단순한 파동이 아니라 한 개, 두 개로 헤아릴 수 있는 광자이기도 하며, 광자 하나의 에너지는 진동수에 비례한다. 감마선은 파장이 극단적으로 짧으므로, 그 진동수가 극단적으로 커서 광자 하나가 매우 큰 에너지를 지닌다. 큰 에너지를 지닌 광자가 전자에 부딪히면 전자는 그 반동으로 튕겨서 속도가 크게 변할 것이다. 전자의 위치가 완전하게 확정돼 있다면, 광자가 돌아온 각도로부터 튕긴 후의 전자 속도를 역산할 수 있다. 하지만 전자 위치에 오차가 있는 상태에서는 최초의 전자 위치가 애매하므로 튕긴 후의 전자 속도에도 그에 대응하는 애매함이 남는다. 이것이 관측으로 생기는 속도 오차다.

지금 상황을 좀 더 자세하게 보면, 이렇게 관측한 위치와 속도의 오차에는 상관관계가 있음을 알 수 있다. 예를 들면 전자 위치를 가능한 한 정확하게 결정하려고 감마선의 파장을 짧게 했다고 하자. 그러면 빛은 별로 회절하지 않으므로 현미경의 해상도가 높아져서 전자의 이미지는 선명해진다. 목표한 대로 위치 오차를 줄인 것이다.

하지만 파장이 짧아지면 광자의 에너지는 커진다. 그러면 전자에 미치는 광자의 영향력이 커져서 광자의 튕김 방향이 아주 약간 변하는 것만으로도 튕기는 전자의 속도는 크게 달라진다. 그 결과, 관측 후 전자의 속도가 얼마인지 알 수 없게 돼서 속도 오차가 커진다.

이번에는 속도 오차를 줄이려고 감마선의 에너지를 작게 했다고 하자. 그러면 광자가 전자에 미치는 영향이 적어져서 속도 오차는 계획대로 작아진다. 하지만 감마선 파장이 길어지므로 현미경의 해상도가 낮아져서 전자의 이미지가 흐릿해져 버린다. 속도 오차가 줄어든 대신에 위치 오차가 커진 것이다.

실제로 현미경 이론과 광양자가설을 사용해서 오차를 진지하게 계산하면, 전자의 위치 오차와 속도 오차의 곱이 대략 플랑크 상수 정도가 됨을 알 수 있다.(운동량은 질량과 속도의 곱이므로, 운동량의 오차는 속도 오차에서 유래한다.) 위치를 정확하게 측정하려고 하면 속도의 정확도가 낮아지고, 반대로 속도를 정확하게 측정하려고 하면 위치의 정확도가 낮아지는 사정을 정량적으로 표현한 것이다. 정말로 저쪽을 세우면 이쪽이 서지 않는 상황이다. 이런 상황은 현미경 분해능의 원리적인 한계이므로 피할 수 없다. 이것이 '감마선 현미경' 사고실험의 결론이다.

만약에 전자가 통상적인 입자라고 믿어 의심치 않는다면, 이 결과는 '전자의 위치와 속도가 사실 정해져 있지만, 인간이 만든 측정 기기의 한계로 인해 아무리 해도 애매함이 남는 것이다.'라고 해석할 것이다. 하지만 하이젠베르크는 달랐다. 하이젠베르크는 이것이 **인간의 기술이 지닌 한계가 아니라, 양자의 본질에서 유래한다**고 생각했다. 그 아이디어는 이렇다.

양자의 위치와 운동량은 본질적인 의미에서 불확정적이며, 그 측정치에는 반드시 그 불확정성만큼의 오차가 있다. 그리고 위치의 불확정성과 운동량의 불확정성의 곱에는 플랑크 상수에 비례하는 하한이 있다. 오늘날 '불확정성의 원리' 또는 '불확정성 관계'라고 부르는 양자의 특징적인 성질이다.

'불확정성'이 의미하는 것
양자에 이르는 통과점

중요한 것이라 반복하자면, 하이젠베르크가 주장하는 '불확정성'이라는 것은 '사실 정해져 있지만, 인간이 지닌 측정 능력의 한계로 인해 아무리 해도 측정 오차가 발생한다.'라는 것이 아니라, **양자의 위치와 속도는 사실 정해져 있지 않다**는 의미다.

이것은 상당한 내용을 말해준다. 예를 들어서 60쪽에서 소개한 음극선은 대량의 전자 흐름이지만, 음극선에 포함된 전자 하나는 어떤 궤도를 그리며 날고 있을까? 만일 위치와 속도가 정말로 결정돼 있지 않다면, 어딘가를 올곧게 계속 날고 있다는 극히 평범한 감성은 잘못된 것이다. 왜냐하면 '어딘가를'이라는 표현은 위치, '올곧게 계속'이라는 표현은 속도가 정해져 있다고 상정하기 때문이다. '위치도 속도도 정해져 있지 않다면, 전자는 여러 입자로 분열하면서 날고 있을까?'라고 생각하고 싶어지지만, 존재하는 전자는 한 개뿐이므로 이런 생각은 확 와닿지 않는다. 무엇보다 만약에 이 예상이 맞는다면 잘게 나뉜 '전자의 파편'이 현실에서 발견돼야 하지만, 그런 것은 발견하지 못했다. 전자 한 개는 어디까지나 한 개다.

불확정성을 인정하는 것은 **양자의 위치와 속도가 정해져 있지 않으므로, 궤적도 확정되지 않는다**는 뜻이다. 즉 불확정성이 옳다면, (이 표현이 타당한지 어떤지는 별도로 하고) 전자 한 개가 어떤 궤적을 그리며 날고 있

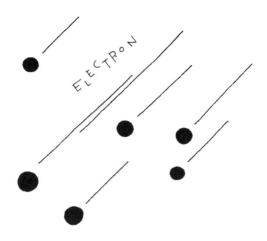

그림 4-2 전자가 날고 있다고 들으면?
작은 알갱이가 어딘가를 날고 있는 풍경이 떠오르지만……

는지는 신조차 알 수 없다.

'모르겠다!'

비통한 외침이 들려오는 것 같다. 인간은 좋든 나쁘든 (넓은 의미에서) 언어로 매사를 이해하는 생명체다. 그리고 언어는 항상 이미지와 함께 존재한다. 예를 들어서 '전자가 날고 있다.'라는 표현을 들으면 작은 알갱이가 어딘가를 향해 날고 있는 풍경이 머릿속에 떠오를 것이다. **그림 4-2** 이 풍경 속의 전자는 어떤 순간에 확실하게 어딘가 정해진 장소를 정해진 속도로 날고 있으므로 '위치가 확정되지 않은 전자가 날고 있다.'라는 표현은 그 자체가 자기모순이다. 만약에 풍경을 생각하지 않았다고 해도 위치와 속도를 '숫자'로 표현하는 이상, 그 값은 아무리 애써도 하나이므로 '본질적인 불확정성'이라는 상태 자체가 애초에 원리적으로 실현 불가능하다.

도대체 무엇이 문제인지 차분하게 생각해 보자. 불확정성 관계를 액면 그대로 받아들이면, '값이 확정되지 않은 위치와 속도'라는 묘한 개념을 마주한다. 그런데 아쉽게도 우리가 사용하는 언어에는 그런 개념을 딱 맞게 나타내는 어휘가 없고, 그것에 대응하는 경험적인 풍경도 없다. 결국 어쩔 수 없이 '양자의 위치·속도'처럼 일상 용어를 빌리게 된다.

사용하는 표현이 암묵적으로 내포하는 묘사와 그 표현을 사용해서 나타내고 싶은 묘사가 어긋나 있는 것이 혼란의 근원이라 할 수 있다. '불확정성'을 이해하는 데 방해하는 것은 우리 머릿속에 들러붙은 '위치와 속도는 원래 정해져 있다.'라는 암묵적인 양해다. **이런 선입견을 해제하는 작업이야말로 양자를 이해하는 데 중요한 통과점이다.**

지금 알고 있는 것은 위치와 속도를 숫자로 나타내는 이상, 위치와 속도의 불확정적인 상태 그 자체가 원리적으로 실현 불가능하다는 점이다. 그런데도 '양자는 위치와 속도가 본질적인 의미에서 정해지지 않은 것이다.'라는 불확정성 관계를 계속 주장한다면, '물체의 위치와 속도는 확정돼 있다.'라는 전제 그 자체를 파고들어 가서, **양자의 위치와 속도는 값이 정해진 숫자로는 나타낼 수 없으므로, 우리가 일상적으로 사용하는 위치와 속도라는 표현으로 묶을 수 있는 개념이 아니라는 것**을 인정해야만 한다. '일반적인 숫자로 표현할 수 없다면, 일반적이지 않은 숫자(행렬)로 표현하면 된다.'라는 하이젠베르크의 아이디어가 이 지점에서 태어났다.

그것은 사실인가?

잠깐 여기서 침착해지도록 하자. 불확정성 관계는 어디까지나 사고실험의 산물이다. '양자의 위치와 속도는 본질적으로 정해져 있지 않다.'라는 주장은 사고실험이라는 이름을 빌린 망상의 산물이 아닐까? 어쩌면 감마선 현미경의 결과는 단순히 인간이 만든 측정 장치의 한계를 보여줄 뿐으로 사실 전자의 궤적은 확실하게 정해져 있을 수도 있다. 불확정성은 정말 올바른 것일까?

사실은 이것을 확인하기에 딱 좋은 방법이 있다. 바로 42쪽에서 소개한 이중 슬릿 실험이다. 이중 슬릿 실험이란 그림 2-1(43쪽)처럼 슬릿 두 개가 있는 장소에 파동을 보내는 단순한 실험이었다. 두 슬릿을 통과한 파동은 스크린 위에서 중첩하고, 스크린 위에는 간섭 패턴이 생긴다. 오래전 토머스 영이 빛을 사용해서 이 실험을 했더니, 예측대로 간섭 패턴이 나났기 때문에 빛의 파동성을 분명하게 인식할 수 있었다.

당연한 일이지만, 간섭 패턴이 나타나려면 파동은 양쪽 슬릿을 지나야만 한다. 몰래 한쪽 슬릿을 막았다고 하면, 슬릿을 통과한 파동과 간섭할 파트너가 없어지므로 스크린 전체에 같은 세기의 파동이 도달할 뿐이라 간섭 패턴은 나타나지 않는다. 거꾸로 말하자면, 이중 슬릿 실험에서 간섭 패턴이 나타났다면 그것은 파동이 양쪽 슬릿을 통과했다는 결정적인 증거인 것이다. 이렇게 당연한 사실을 머릿속 한구석에 남겨두길 바란다.

이번에는 이 실험을 빛이 아닌 전자로 해본다. 제2장에서 서술한 대로 전자는 파동의 특성이 있으므로 형광물질을 칠한 스크린을 준비해서 빛 대신에 전자빔(대량의 전자 흐름)을 이중 슬릿을 향해 쏘면, 스크린 위에 빛의 경우와 마찬가지로 간섭 패턴이 나타난다. 이 현상 자체는 이상한 일이 아니다.

하지만 양자인 전자에는 입자성도 있다는 사실을 잊어서는 안 된다. 입자의 가장 큰 특징은 한 개, 두 개로 헤아릴 수 있다는 점이다. 그러므로 전자빔의 출력을 줄여가면 최종적으로 전자가 한 개씩 슬릿을 향해 날아간다. 만일 불확정성 관계가 틀린 것이라 실제로는 전자 궤적이 확정돼 있다고 하면, 전자는 한쪽 슬릿만 통과할 테니 야구공을 던질 때와 마찬가지로 간섭 패턴이 나타나지 않을 것이다. (이 경우 전자빔으로 생기는 간섭 패턴은 전자의 집단 운동이 만드는 파동 간섭의 결과로 해석한다.) 실제로는 어떨까?

이 실험은 전자를 한 개씩 날리는 민감한 조작이 필요하므로, 하이젠베르크가 살았던 시대에는 사고실험밖에 하지 못했다. 그러나 실험 기술이 발달한 현대에는 실행할 수 있다. 백문이 불여일견이라고 했다. 결과를 살펴보자.

결과는 그림 4-3과 같이 나온다. 스크린을 바라보면 전자가 닿는 곳에 광점이 나타나며, 그 개수가 하나씩 증가한다. 처음에는 알아보기 어렵지만 광점 개수가 증가함에 따라 분포에 패턴이 나타나며, 최종적으로는 깨끗한 줄무늬가 나타난다. 이것은 대량의 전자를 포함한 전자빔을 쏘았을 때와 완전히 같은 무늬다.

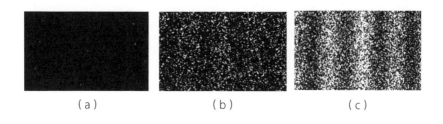

(a)   (b)   (c)

그림 4-3　전자의 이중 슬릿 실험
a에서 c 순서로 광점의 개수가 증가함에 따라 줄무늬가 나타난다. (《게이지장을 본다(ゲ
ージ場を見る)》에서 인용)

　여기서 앞의 주의점을 떠올려보자. 간섭 패턴이 나타나려면 양쪽 슬
릿을 통과한 파동이 스크린 위에서 중첩해야만 했다. **전자를 한 개씩 날리
는데도 간섭 패턴을 보였다는 것은 전자 한 개가 양쪽 슬릿을 통과했다는 것
을 의미한다!** 만약 전자 궤적이 사실 정해져 있었다면, 이런 일은 일어날
수 없다. 그렇다면 결론은 하나뿐이다. 전자 궤적은 사실 정해져 있지 않
으며, 양자의 불확정성은 현실 실험에서도 확인할 수 있다는 것이다.

　놀라운 현실을 하나 더 추가하겠다. 전자를 한 개씩 날리면서 양쪽 슬
릿에 전자 측정기를 설치하면 어떻게 될까? 양쪽 슬릿을 통과한다면 두
측정기가 동시에 반응할까? 실제로 해보면 그렇게 되지 않고, 어느 한쪽
의 측정기만 반응을 보인다. 전자를 한 개씩만 날리고 있으므로 당연하다
고 하면 당연한 일이지만, 이것은 '전자가 양쪽 슬릿을 통과했다.'라는 사
실과 모순되지 않는가?

　놀랍게도 **슬릿에서 전자 측정을 하면 스크린 위의 간섭 패턴이 사라진
다.** 이것은 전자가 어느 쪽의 슬릿을 통과했는지 확인했기 때문에 전자가

그쪽 슬릿만을 통과한 것이 확정돼서 한쪽 슬릿을 닫은 것과 같은 상태가 돼버렸기 때문이다. **측정은 현실에 영향을 주는 법이다.** 우리가 보고 있는 세상은 어디까지나 측정의 산물이라는 것을 거듭 말해왔지만, 측정 기술이 진보하면서 양자를 '볼 수' 있게 된 지금, 이런 자연관은 점점 더 당연해질 것이다.

양자의 위치와 측정한 위치

큰일이다. 사고실험뿐만 아니라 실제 실험에서도 **양자 한 개의 위치와 속도가 정말로 결정되지 않았다**는 것이 확인된다면, 이제까지 자연관을 지탱해 온 '물체의 위치와 속도는 확정돼 있다.'라는 암묵적인 전제를 버리고, 양자의 위치와 속도에 불확정성이 있다는 사실을 진지하게 받아들여야만 한다. 이렇게 되니 소박한 의문이 고개를 든다. **위치와 속도 값이 결정돼 있지 않다는 양자를 실제로 본다면 어떻게 보일까?**

'위치가 결정돼 있지 않다면 희뿌연 구름처럼 보이지 않을까?'라고 생각할 수도 있겠지만, 그렇지는 않다. 전자의 이중 슬릿 실험에서 본 것처럼 형광물질을 칠한 스크린에 전자가 부딪히면 전자의 불확정성을 바탕으로 예상하는 범위가 흐릿하게 빛나는 것이 아니라, 스크린 위의 한 점이 빛난다. 전자가 한 점에 있는 것처럼 보이는 것이다. 예전까지 전자가 통상적인 입자라고 생각했던 것은 이런 이유 때문이다. 양자의 위치와 속도

110

는 불확정성 때문에 흔들려야 하지만, 실제로 측정하면 그 결과는 한 가지로 정해져서 마치 통상적인 입자처럼 보인다. 즉 일반적인 숫자로 표시할 수 있다. **위치와 속도가 흐릿해진 '불확정적인 양자의 모습'을 직접 볼 수는 없는 것이다.**

이처럼 양자의 불확정성은 측정 한 번으로 모습을 나타내지 않지만, 몇 번이고 측정하면 그 모습을 나타낸다. 실제로 양자의 위치를 측정하는 실험을 같은 조건에서 몇 번이고 시행했다고 해도 양자의 위치가 결정돼 있지 않으므로 직전 실험과 같은 곳에서 양자를 발견할 수 있다고 단정할 수는 없다. 이것이 불확정성 관계 안에 있는 '그 측정치에는 반드시 불확정성만큼의 오차가 있다.'라는 문구의 의미다. 전자의 이중 슬릿 실험에서 똑같이 전자를 쏴도 광점이 나타나는 장소가 매번 달랐던 것은 이런 이유 때문이다.

이것은 도대체 어떻게 이해해야 할까? 실은 이런 의문이야말로 양자역학의 밑바닥에 흐르는 자연관과 직결돼 있다. 앞서 필자는 우리가 평소에 보는 풍경이 오감이라는 관측 장치가 얻은 데이터를 바탕으로 뇌가 만들어낸 '바깥 세계의 상상도'라고 서술했다. 사실 이것은 오감에만 한정된 이야기가 아니다. 육체의 오감을 사용하든 정밀한 전자기기를 사용하든 뭔가를 인식하고 싶으면, 우리는 반드시 어떤 형태로든 자연계에 작용해서 그 응답을 읽어야 한다. 반대로 어떤 물체와도 상호 작용하지 않는 물체가 있다면, 그 물체는 원리적으로 감지할 수 없으므로 존재하지 않는 것과 같다. 몇 번이고 서술한 것처럼, 우리가 인식하는 세상은 물체를 향한 작용과 응답, 즉 넓은 의미에서 측정의 산물이다.

이것은 위치와 속도 같은 기본적인 개념에서도 마찬가지다. 우리는 평소에 물체에 닿은 가시광선의 정보로부터 물체의 위치를 알 수 있다. 이것은 제대로 된 측정이다. 감마선 현미경을 사용해서 파악한 전자의 위치는 전자와 상호 작용해서 튕긴 감마선의 각도로부터 유추한 것이다. 이것 역시 측정이다. 우리가 평소에 위치라거나 속도라고 부르는 개념은 정확하게 말하자면 '측정한 위치' '측정한 속도'라고 불러야 한다.

평소 생활에서는 이런 성가신 내용을 말할 필요가 없다. 왜냐하면 일상을 지탱하는 고전물리학의 세계관에서 물체는 결정된 위치를 결정된 속도로 움직이며, 측정이란 그 결정된 양을 읽는 작업이기 때문이다. 그렇다면 '측정 결과로 입자가 책상 위에 보였다.'라는 말은 '입자가 책상 위에 있었다.'라는 말과 같은 의미이므로, 입자의 위치와 측정한 입자의 위치는 같다고 생각해도 전혀 문제가 없다.

하지만 양자의 위치와 속도가 불확정이라고 알게 된 지금은 이야기가 크게 달라진다. 예를 들어서, 측정 결과로서 책상 위에 전자가 보인 것은 '우연'이다. 실제로 위치가 결정돼 있지 않으므로, 완전히 같은 조건에서 전자를 보더라도 전자가 보이는 장소는 매번 달라질 것이다. 전자가 보였다고 해서 '측정하지 않아도 거기에 전자가 있었다.'라고 생각하면 안 된다. 어디까지나 '전자의 위치는 결정돼 있지 않았지만, 이번에는 책상 위에서 보였다.'라는 것뿐이다. 우리가 할 수 있는 것은 기껏해야 같은 조건에서 몇 번이고 측정을 반복해서 '전자를 어느 부근에서 잘 발견하는지'를, 즉 위치의 분포를 파악하는 것뿐이다.

이처럼 **불확정성이 전제인 세상에서 양자의 위치와 측정한 양자의 위치**

는 다른 개념이다. 즉 양자에 관한 이론을 만든다면, '양자가 본래 지닌 불확정성을 내포한 위치와 속도' '양자를 측정했을 때 얻을 수 있는 (일반적인 숫자로 나타낼 수 있는) 위치와 속도'를 구분해서 생각해야 한다. 이것이 고전물리학과 양자물리학 사이의 매우 큰 차이다.

양자의 자연관

지겹게 들릴 수도 있지만, 중요한 내용이므로 반복하겠다. 양자의 측정치가 매번 달라지는 것은 인간의 측정 형편상 발생하는 오차 때문이 아니라, 양자가 본질적으로 불확정성을 내포하고 있기 때문이다. 그런 양자는 고전물리학의 입자처럼 '확정된 위치와 속도를 지닌 상태'가 아니라 '위치와 속도 모두 불확정인 상태'에 있다고 생각해야 한다. 즉 **양자 상태에는 확정된 물리량 정보가 처음부터 들어 있지 않으며, 고전물리학처럼 측정 한 번으로 얻을 수 있는 값을 완벽하게 예측하는 것은 원리상 불가능**하다. 그러므로 책상 위에 전자가 보인 것은 우연이다.

한 번 측정하는 값을 예측할 수 없다면, 양자라는 것은 전혀 예측할 수 없는 무법 상태에 있는 것일까? 물론 그렇지는 않다. 전자의 이중 슬릿 실험에서 반복적으로 측정하면 간섭 패턴이 보인 것처럼 같은 조건으로 몇 번이고 측정을 반복하면 잘 측정되는 값, 측정되지 않는 값을 알 수 있다. 이것이 '측정치의 분포'다.

이 분포를 알게 되면 한 번의 측정치 그 자체는 예측할 수 없어도 한 번의 측정으로 어떤 값이 어느 정도의 확률로 나타나는지를 예측할 수 있다. 무게 분포가 균일하지 않은 동전을 던질 때, 다음번에 앞면이 나올지 뒷면이 나올지를 맞힐 수는 없지만, 몇 번이고 동전을 던졌을 때 앞면이 나올 확률을 알 수 있는 것과 비슷하다.

이것은 **양자 상태에는 위치와 속도의 확정값이 아니라, 그것들의 분포 정보만이 포함돼 있다**는 것을 시사한다. 그리고 분포 정보란 결국 평균과 분산이 대표하는 통계량과 같다. 즉 **양자 상태로부터 파악할 수 있는 것은 양자의 분포에 따른 통계량뿐**이다. 정리하면 다음과 같다.

- 양자의 위치와 속도는 확정된 값이 아니므로 '양자 본래의 위치와 속도'를 일반적인 숫자로 나타낼 수는 없다.
- 양자를 관측해서 얻을 수 있는 '측정한 위치와 속도'는 일반적인 숫자로 나타낼 수 있다.
- 같은 조건으로 측정했다고 해도 그 측정치에는 불확정성에서 유래하는 오차가 있으며, 실제 측정했을 때 어떤 값을 얻을지는 어디까지나 확률의 문제다.
- 양자 이론으로 한 번 측정해서 얻을 수 있는 물리량을 예측하는 것은 원리상 불가능하지만, 물리량의 분포에 따른 평균과 분산과 같은 통계량이라면 예측할 수 있다.

이것이 불확정성 관계가 시사하는 양자의 자연관이다. 자, 이번에야말로 준비가 됐다. 다시 묻겠다. 양자의 위치와 속도란 무엇일까? 하이젠베르크는 감마선 현미경을 비롯한 사고실험을 이용해 불확정성 관계에 도달했으며 거기서부터 양자의 자연관에 이르렀다. 하이젠베르크의 혜안은 양자의 위치와 운동량을 행렬로 표현하면, 우리가 지금껏 거론한 양자의 자연관이 저절로 성립한다는 점을 간파했다. '행렬역학'이 탄생한 것이다.[1]

행렬역학을 구성하면 이제까지 추상적이었던 양자의 자연관이 단번에 구체성을 띤다. 하지만 뉴턴역학을 이해하려면 실수 개념을 알아야 했던 것처럼, 행렬역학을 이해하려면 아무래도 '행렬과 벡터'라는 개념을 알아야 한다. 머리말에서 서술한 '올바른 경험을 쌓는 데 필요한 수학' 가운데 하나다. 그래서 잠깐 양자를 떠나서 행렬이란 어떤 것인지를 확인하는 작업부터 하자. 여기에 나오는 계산은 간단하므로 꼭 종이와 펜을 들고 실제로 확인하면서 읽어나가길 바란다. 이런 착실한 작업은 양자를 이해하는 데 필요한 튼튼한 토대를 확실하게 길러준다.

---

1 다만 역사적인 경위는 좀 더 복잡하다. 여기서 서술한 것은 하이젠베르크의 아이디어를 후대의 지식을 사용해 정리한 것으로 이해해 주길 바란다.

행렬이란 무엇인가?

행렬은 그렇게 어려운 것이 아니라, $\begin{pmatrix} 1 & 2 \\ 3 & 4 \end{pmatrix}$와 같이 숫자를 가로와 세로로 나열한 것이다. 이런 것에 불과한 것이 온갖 자연과학을 근간에서 지탱하는 '선형대수학'이라는 수학 분야에서 핵심적인 역할을 하는데, 지금 중요한 것은 다음 세 가지뿐이다.

① 행렬은 벡터의 변형(일차변환)을 표현한다.

② 행렬의 곱셈은 순서를 바꾸면 결과가 달라진다.

③ 내적으로 '행렬의 성분'을 알 수 있다.

이것들을 차례로 살펴보자. 이미 등장한 것처럼 벡터란 $(2, 0, 1, \cdots)$과 같이 숫자가 몇 개 늘어선 것이다. 제1장에서 물체의 위치와 속도를 나타내려고 사용한 3차원 벡터가 그런 예이지만, 늘어선 숫자가 세 개일 필요는 없다. 두 개든 네 개든 상관없다. 원한다면 한 개도 된다. 수학에서는 이런 개수를 '차원'이라고 부른다. 물론 우리가 사는 3차원 공간과 혼동해서는 안 된다.

행렬은 벡터를 다른 벡터로 변형할 때 자연스럽게 등장했다. 간단한 예로 2차원 벡터 (x, y)를 생각해 보자. 이런 x, y를 벡터의 '성분'이라 한다. 단순하게 '벡터의 변형'이라 하면 여러 가지를 생각할 수 있지만, 새로운 것을 시작할 때의 철칙은 되도록 간단한 상황을 생각하는 것이다.

가장 간단한 것은 (x, y)를 $(2x, 2y)$로 바꾸는 '상수배' 변형이다. 이후로는 이것을 $(x, y) \rightarrow (2x, 2y)$처럼 화살표를 사용해 표시하겠다. 역시 이건 너무 간단하니까 $(x, y) \rightarrow (4x, 5y)$처럼 성분마다 다른 배율을 설정해도 좋다. 이것도 훌륭한 변형이다. 벡터 성분을 섞는 것도 생각하기 쉬운 변형이다. 가장 간단한 것은 $(x, y) \rightarrow (x+y, y)$처럼 어떤 성분을 다른 성분에 더하는 변형이지만, 이것도 간단하므로 다른 성분을 상수배해 더하면 좀 더 일반적인 것이 된다. $(x, y) \rightarrow (x, y+3x)$와 $(x, y) \rightarrow (x+2y, y)$와 같은 것이다. 또는 $(x, y) \rightarrow (y, x)$처럼 성분을 교환하는 것도 좋다.

지금 소개한 변형을 여러 번 반복하면 어떻게 될까? 아무거나 어떤 순서로 반복해도 상관없지만, 약간 생각해 보면 아무리 애써도 $(x, y) \rightarrow (ax+by, cx+dy)$처럼 각 성분이 x와 y의 일차식밖에 될 수 없는 것을 알 수 있다. 이런 변형을 '일차변환'이라 부른다. 이런 변환을 아무리 반복해도 성분에는 x와 y의 1차식만 나타난다. **일차변환은 몇 번을 반복해도 일차변환**이다.

또한 일차변환 $(x, y) \rightarrow (ax+by, cx+dy)$의 특징은 숫자 a, b, c, d가 결정함을 알 수 있다. 그래서 이것들을 $\begin{pmatrix} a & b \\ c & d \end{pmatrix}$처럼 배치해서 이런 일차변환을 표시하기로 한다. 이것이 바로 행렬이다. 이 예에서 행렬의 크기가 2행 2열이 된 것은 생각했던 벡터가 2차원이었기 때문이며, 만일 3차원 벡터의 일차변환이라면 3행 3열 행렬, 1억 차원 벡터의 일차변환이라면 1억행 1억열인 행렬로 표현할 수 있다. 이렇게 표현한 행렬을 구성하는 a, b, c, d와 같은 숫자도 역시 행렬의 성분이라 부른다. 사족이지만, 벡터가 1차원이면 행렬은 성분이 하나만 존재하므로 단순한 숫자일 뿐이다. 그런 의미에서 행렬은 숫자를 확장한 것으로 생각할 수 있다.

이처럼 **행렬은 '벡터의 일차변환 그 자체'**라고 해도 괜찮은 존재다. 이렇게 '벡터에 일차변환이라는 연산을 일으키는 것'이라는 의미를 담아서 행렬을 '연산자'라는 별명으로 부르기도 한다.

만일 욕심을 내서 좀 더 복잡한 변형을 도입하면 문제는 갑자기 어려워진다. 예를 들어서 $(x, y) \rightarrow (x^2, y^2)$과 같은 이차식의 변형까지 생각해보자. 이 변환을 두 번 하면 (x^4, y^4)처럼 사차식이 등장한다. 이 점만 봐도 알 수 있듯이 변형은 이차식으로 수습할 수 없어서 이야기가 단번에 복잡해진다. 일차변환은 너무 간단하지 않으면서도 너무 어렵지도 않은 절묘한 변형이다.

행렬의 곱셈

일차변환과 행렬의 관계를 알면 행렬의 곱셈도 자연스럽게 이해할 수 있다. 예를 들어서 두 종류의 일차변환 f와 g가 있다고 하자. 일차변환은 몇 번 반복해도 일차변환이므로, 벡터에 변환 g를 시행하고 나서 변환 f를 시행하는 일련의 변형($f \circ g$라고 표시)도 일차변환이다. 여기서 일차변환 f, g에 대응하는 행렬을 각각 F, G라고 하면, 이들의 곱 FG는 일차변환 $f \circ g$에 대응시키는 것이 가장 자연스럽다.

예를 들어서 f를 $(x, y) \rightarrow (2x, y)$, g를 $(x, y) \rightarrow (y, x)$라고 하자. 처음에 g가 작용해서 $(x, y) \rightarrow (y, x)$가 되고, 이어서 f가 작용해서 $(2y, x)$가 되므

그림 4-4 행렬의 곱셈은 순서를 바꾸면 결과가 달라진다
f 가 '신발 신기', g가 '양말 신기'라는 동작을 나타낸다고 하면, 오른쪽의 $f \circ g$는 상식적인 풍경이지만, 왼쪽의 $g \circ f$ 는 이상하게 보인다.

로, $f \circ g$는 $(x, y) \rightarrow (2y, x)$라는 일차변환이다. f, g에 대응하는 행렬은 $F = \begin{pmatrix} 2 & 0 \\ 0 & 1 \end{pmatrix}$, $G = \begin{pmatrix} 0 & 1 \\ 1 & 0 \end{pmatrix}$이므로, 이 결과는 $FG = \begin{pmatrix} 0 & 2 \\ 1 & 0 \end{pmatrix}$임을 의미한다. 지금의 과정을 행렬 $F = \begin{pmatrix} a & b \\ c & d \end{pmatrix}$와 $G = \begin{pmatrix} p & q \\ r & s \end{pmatrix}$에 적용하면, 우선 G가 (x, y)를 $(px+qy, rx+sy)$로 변형하고, 이것을 F가 $((ap+br)x+(aq+bs)y, (cp+dr)x+cq+ds)y)$로 변형하므로, $FG = \begin{pmatrix} ap+br & aq+bs \\ cp+dr & cq+ds \end{pmatrix}$이 되는 것을 알 수 있다.

고등학교에서 이 규칙만 공부한 독자도 있으리라 생각하는데, 언뜻 보면 복잡하게 보이는 **행렬의 곱셈 규칙은 일차변환을 순서대로 적용하는 자연스러운 조작을 반영한 것**임을 알 수 있다.

여기서 예로 든 $f:(x, y) \rightarrow (2x, y)$, $g:(x, y) \rightarrow (y, x)$를 앞의 예와는 반대 순서로 적용하는 $g \circ f$인 일차변환을 생각해 보자. 실제로 해보면 $(x, y) \rightarrow (y, 2x)$가 되는 것을 알 수 있다. 그러므로 $g \circ f$는 $f \circ g$와는 다른 일차변환인 것을 알 수 있다. 이것은 FG와 GF가 다른 행렬임을 의미한다. 즉, **행렬의 곱셈은 순서를 바꾸면 결과가 달라진다.**

이 결과는 2×3=3×2=6처럼 일반적인 숫자의 곱셈에 익숙하면 의외라고 느낄 수도 있지만, 행렬이 변형이라는 조작(연산)을 나타내는 것이라고 알면 그렇게 의외의 결과는 아니다. 유명한 비유를 소개하자면, f가 '신발 신기', g가 '양말 신기'라는 동작을 나타낸다고 하면, $f \circ g$는 상식적인 풍경이지만, $g \circ f$는 농담 같은 풍경을 만든다. **그림4-4** 조작은 순서가 중요하다. 이 사실이 뒤에서 불확정성 관계를 표현할 때 중요한 역할을 한다.

벡터 내적이 의미하는 것

이어서 두 벡터 $\vec{v}=(a, b)$, $\vec{w}=(x, y)$의 '내적'이라는 개념을 소개하겠다. 단, 뒤에서 이 개념을 양자 부분에 적용할 것을 생각해서 성분은 전부 $a=\alpha+i\beta$(i는 허수단위, $i^2=-1$) 형태로 기술할 수 있는 복소수라고 하자. 이때, $\vec{v}$와 $\vec{w}$의 내적은 $\vec{v}^{\dagger}\vec{w}=a^*x+b^*y$로 정의한다.

여기서 $a=\alpha+i\beta$라면 $a^*=\alpha-i\beta$이며 a^*는 a의 켤레복소수라 부른다. $\vec{v}^{\dagger}$의 오른쪽 위에 있는 $\dagger$(dagger)는 $\vec{v}$의 성분을 켤레복소수로 만드는 기호다.[2]

왜 이런 것을 생각하냐면, 바로 뒤에서 행렬이 벡터에 미치는 '영향력'

---

2 더 정확하게는 $\dagger$가 켤레복소수를 취하면서 세로 벡터와 가로 벡터를 바꾸는 '에르미트 켤레'를 나타낸다. 본문에서는 가로 벡터와 세로 벡터를 구분하지 않지만, 신경이 쓰인다면 $\vec{v}$를 세로 벡터라고 생각하길 바란다. 상세한 내용은 부록을 참조하길 바란다.

을 추정할 때 필요하기 때문이다. 이런 조작이 양자역학에서 행렬과 측정 치가 어떻게 대응하는지를 알려준다.

어쨌거나 우선은 내적의 의미를 확인하자. 먼저 중요한 것은 자신과 의 내적은 벡터 길이의 제곱이 된다는 것이다. 이것은 $\vec{v}^\dagger\vec{v}=|a|^2+|b|^2$이 되는 것으로 확인할 수 있다.

다음으로 서로 다른 두 벡터의 내적에 대해 생각해 보자. 예를 들어서, 일반적인 벡터 $\vec{v}=(a, b)$와 두 개의 특별한 벡터 $\vec{e}_1=(1, 0)$과 $\vec{e}_2=(0, 1)$을 생각하자. 성분을 비교하면 $\vec{v}$는 $\vec{e}_1$와 $\vec{e}_2$를 사용해서 $\vec{v}=a\vec{e}_1+b\vec{e}_2$로 다시 표현할 수 있다. 이렇게 간단한 고쳐 쓰기가 의외로 중요해서, **$\vec{v}$라는 벡터는 $\vec{e}_1$와 $\vec{e}_2$가 각각 a, b라는 비율로 중첩돼 만들어졌음**을 가르쳐준다.

이렇게 보면 벡터의 성분 a, b는 벡터 $\vec{v}$와 기준이 되는 벡터(지금의 예라면 $\vec{e}_1$, $\vec{e}_2$)와의 '중첩'을 나타내는 것을 알 수 있다. 한편 앞에서 소개한 내적의 정의($\vec{v}^\dagger\vec{w}=a^*x+b^*y$)를 사용하면 $\vec{e}_1{}^\dagger\vec{v}=a$, $\vec{e}_2{}^\dagger\vec{v}=b$가 되는 것처럼, **내적을 사용하면 기준이 되는 벡터의 성분을 계산할 수 있다.** 벡터의 성분은 기준이 되는 벡터의 중첩 정도인 것이다. 세세한 주의 사항이지만, 내적이 성분과 일치하려면 기준이 되는 벡터($\vec{e}_1$와 $\vec{e}_2$)의 길이가 1이어야 한다는 점이 중요하다.

기준이 되는 벡터가 꼭 $\vec{e}_1$와 $\vec{e}_2$처럼 특별할 필요는 없다. 내적이라는 개념을 사용하면 더 일반적인 (길이가 1인) 벡터 $\vec{e}$에 관해 '벡터 $\vec{v}$와 $\vec{e}$의 중첩 정도'를 계산할 수 있다. 예를 들어서 $\vec{e}=(0.6, 0.8)$이라고 하면, $\vec{v}$와 $\vec{e}$의 중첩 정도는 $\vec{e}^\dagger\vec{v}=0.6a+0.8b$이다.

$a(b)$가 벡터 $\vec{v}$의 $\vec{e}_1(\vec{e}_2)$ 성분이었던 것과 마찬가지로, 이것은 '벡터 $\vec{v}$의

$\vec{e}$ 성분'이라고도 부른다. 정리하자면 내적이란 두 벡터의 중첩 정도, 즉 성분을 보는 조작이다.

행렬 성분과 내적

내적의 의미를 확인했으니 다음으로 행렬 $\hat{A}$(A 햇으로 읽는다.)과 (길이 1인) 벡터 $\vec{e}$를 생각해 보자. 행렬은 일차변환이므로, $\hat{A}\vec{e}$는 일차변환 $\hat{A}$에 의해 $\vec{e}$가 변형된 것이다.

이제, 변형된 벡터 $\hat{A}\vec{e}$와 원래 벡터 $\vec{e}$의 내적 $\vec{e}^\dagger\hat{A}\vec{e}$를 계산해 보자. 내적은 기준이 되는 벡터와의 '중첩 정도'를 나타낸다. 그렇다면 이 내적은 '$\hat{A}$에 의해 변형된 벡터가 원래 벡터 $\vec{e}$의 성분을 어느 정도의 비율로 남겼는지'를 표현한다. 이 값은 '행렬 $\hat{A}$의 $\vec{e}$에 대한 영향력'인 것이다. 극단적으로 말하자면, 행렬 $\hat{A}$이 벡터 $\vec{e}$를 완전하게 지워버리는 작용을 한다면, $\vec{e}^\dagger\hat{A}\vec{e}=0$이다. 반대로, $\hat{A}$이 $\vec{e}$에 상당히 강하게 작용하는 일차변환이었다고 하면, $\vec{e}^\dagger\hat{A}\vec{e}$는 매우 큰 값이 될 것이다. 이런 상황을 보면 $\vec{e}^\dagger\hat{A}\vec{e}$는 **행렬 $\hat{A}$이 벡터 $\vec{e}$에 어느 정도 강하게 작용하는지**를 나타낸다는 것을 알 수 있다. 이것을 **'행렬 $\hat{A}$의 $\vec{e}$ 성분'이라 부른다.**

이것을 성분이라 부르는 이유는 구체적인 예를 보면 분명하게 알 수 있다. , $\hat{A}=\begin{pmatrix} a & b \\ c & d \end{pmatrix}$, $\vec{e}=(1, 0)$이라고 하자. 계산해 보면, $\vec{e}^\dagger\hat{A}\vec{e}=a$가 된다. 이것은 행렬 $\hat{A}$의 1행 1열 성분이다. 벡터의 내적이 벡터의 성분을 추출한 것

처럼, 행렬에 대해 내적을 사용하면 행렬의 성분을 추출할 수 있다. 그리고 이런 일련의 계산으로부터, 행렬의 성분에는 '기준이 되는 벡터에 대한 영향력'이라는 의미가 있음을 알 수 있다. 이번 절의 앞부분에서 예고한 대로 이것은 바로 뒤에서 측정치와 물리량을 이야기할 때 중요한 역할을 한다.

위치와 운동량을 표현하는 행렬
양자의 상태를 표현하는 벡터

이제 필요한 수학적인 개념을 갖췄다. 우리는 지금 하이젠베르크의 아이디어를 확실하게 이해할 수 있는 단계에 올라와 있다. 앞서 설명한 대로 위치와 속도(운동량)를 일반적인 숫자로 표현할 수 없다면, 행렬로 표시해 버리자는 것이 하이젠베르크가 떠올린 아이디어의 골자였다. 지금 설명한 대로 행렬은 본질적으로 벡터에 작용하는 존재다. 그렇다면 행렬로 표현한 위치와 운동량이 작용하는 벡터란 무엇일까?

더 뜸 들일 필요가 없다. 이 벡터야말로 '위치와 속도의 분포'라는 정보를 짊어진 양자 상태 그 자체이므로, 이름도 **상태 벡터**라고 부른다. 불확정성 관계를 인정한다면, 우리가 예측할 수 있는 것은 위치와 운동량의 평균과 분산과 같은 통계량뿐이었다. 즉 **행렬로 표현한 위치, 운동량과 벡터로 표현한 양자 상태(분포)를 사용해서 측정한 물리량의 통계량을 계산**하는 것이 하이젠베르크의 양자역학이다. 그 내용을 차례로 살펴보자.

물리량의 기댓값은 행렬 성분
현실과 행렬의 교차점

예를 들어서, 행렬로 표시한 위치($\hat{X}$)와 벡터로 표시한 '양자 상태(상태 벡터) ($\vec{\psi}$)'가 있다고 하자. 참고로 ψ는 '프사이'라고 읽는다. 상태 벡터는 이 그리스 문자를 사용해서 표시하는 것이 옛날부터 전통이다. $\vec{\psi}$의 길이는 별로 중요하지 않으므로 통상 1로 맞춘다. 행렬의 본질은 벡터를 변형하는 것이었다. 당연히 위치 행렬 $\hat{X}$은 상태 벡터 $\vec{\psi}$에 작용해서 '위치 행렬 $\hat{X}$의 작용으로 변형된 상태 벡터'인 $\hat{X}\vec{\psi}$를 만들어낸다. 양자역학에서 이것은 **위치를 측정한 후의 양자 상태**라고 생각한다.[3] 전자의 이중 슬릿 실험에서 어느 슬릿을 지났는지 확인하면 간섭 패턴이 사라진 것처럼, 양자 세계에서는 측정이라는 행위 자체가 상태를 변화시킨다.

위치 행렬 $\hat{X}$의 작용으로 상태 벡터 $\vec{\psi}$는 어느 정도 영향을 받을까? 행렬의 일반론을 떠올려보면, 이것은 행렬의 $\vec{\psi}$ 성분 즉, 변형된 벡터와 원래 벡터의 내적 $\vec{\psi}^{\dagger}\hat{X}\vec{\psi}$로 평가할 수 있었다. **이런 수학적인 개념에 물리의 숨결을 불어 넣은 것이 '위치 행렬의 $\vec{\psi}$ 성분을 위치의 기댓값(측정치의 평균값)으로 해석한다.'라는 지도 원리다.** 이것은 다른 물리량에서도 마찬가지

---

3 현대적인 측정 이론 관점에서 보면 이런 해석에는 다소 어폐가 있지만, 처음 배우는 과정에서는 대략 파악하는 것도 중요하다.

로, 일반적으로 행렬 $\hat{A}$으로 표시하는 물리량의 $\tilde{\psi}$ 성분(기호가 복잡해지므로 이제부터 단순하게 $\langle \hat{A} \rangle$으로 표기하기로 하자.)을 물리량 $\hat{A}$의 기댓값으로 해석한다.

불확정성은 평균값에서 떨어진 정도

이런 방식을 사용하면 불확정성의 크기도 구체적으로 계산할 수 있다. 원래 불확정성이 있다는 것은 매회 측정 결과가 평균값과 다르다는 의미다.(만일 값이 확정돼 있으면 측정치는 매회 같은 값이므로 평균값과 측정치는 일치한다.) 그리고 분포가 크게 퍼질수록 매회 측정치는 평균값과 차이가 클 것이다. 즉 **물리량 $\hat{A}$의 불확정성이란 평균값에서 떨어진 정도인 것**이다. 다만 측정치와 평균값의 차이는 플러스 또는 마이너스가 될 수 있으며, 단순한 기댓값 $\langle \hat{A} - \langle \hat{A} \rangle \rangle$은 제로가 된다. 그래서 차이를 제곱해서 양수로 만든 양의 기댓값을 계산하기로 한다. 즉 불확정성을 ΔA라고 하면, $(\Delta A)^2 = \langle (\hat{A} - \langle \hat{A} \rangle)^2 \rangle$이다. 통계 용어를 사용하면, 이것은 바로 '분산'이다.

이처럼 행렬로 표시한 물리량과 양자 상태를 나타내는 상태 벡터를 사용해서, 그 물리량을 측정했을 때의 평균값과 분산과 같은 통계량을 파악하는 것이 행렬로 양자를 취급할 때의 처방전이다. 특히, 행렬을 도입하면 물리량이 지닌 불확정성이 분산이라는 형태로 당연한 듯이 나타난다는 점을 강조하고 싶다. 물리량을 일반적인 숫자로 표시하면 불가능했던 일이다.

불확정성 관계와 행렬의 관계

그런데 불확정성 관계는 위치와 운동량이 불확정성을 지닐 뿐만 아니라, 그 불확정성의 곱이 플랑크 상수 이상이라고도 주장한다. 이것 역시 위치와 속도가 행렬이라고 가정하면 그대로 이해할 수 있다.

전자의 위치를 측정했다고 하자. 측정이란 최대한 정확하게 물리량을 특정하려는 행위이므로, 위치를 측정하면 위치의 불확정성은 작아진다. 예컨대, 전자의 이중 슬릿 실험에서 어느 쪽 슬릿을 통과했는지를 확인하면 간섭 패턴이 사라졌던 일은 측정 결과로서 전자의 위치가 한쪽 슬릿으로 한정됐기 때문이다. 그러면 불확정성 관계 때문에 전자의 운동량은 측정하기 전보다 불확정성이 커진다. '위치 측정'이라는 행위 자체가 운동량 정보를 바꿔버린 것이다. 이것은 반대의 경우도 마찬가지라서, 운동량을 측정하면 위치가 불확정해진다. 그러므로 전자의 위치와 운동량을 양쪽 모두 측정한다고 하면, 위치를 측정하고 나서 운동량을 측정한 결과와 운동량을 측정하고 나서 위치를 측정한 결과는 아무래도 달라져 버린다.

여기서 행렬 $\hat{A}$이 작용한 상태 벡터 $\hat{A}\hat{\psi}$가 '물리량 $\hat{A}$을 측정한 양자 상태'를 나타낸다는 것을 떠올려보자. 위치를 표시하는 행렬을 $\hat{X}$, 운동량을 나타내는 행렬을 $\hat{P}$이라고 하면, '위치를 측정→운동량을 측정'한 상태는 $\hat{P}\hat{X}\hat{\psi}$이고, 반대로 '운동량을 측정→위치를 측정'한 상태는 $\hat{X}\hat{P}\hat{\psi}$이다. 측정 순서를 바꾸면 결과가 달라진다는 것은 $\hat{X}\hat{P}\hat{\psi} \neq \hat{P}\hat{X}\hat{\psi}$를 의미한다. 즉 **불**

확정성 관계를 인정하면, 위치 행렬 $\hat{X}$과 운동량 행렬 $\hat{P}$의 곱은 절대 순서를 바꿀 수 없다. 곱셈에서 교환법칙이 성립하지 않는 일은 일반적인 숫자로는 절대로 실현할 수 없다. 이것도 역시 위치와 속도를 행렬로 표시하기 때문에 가능한 일이다.

그렇다면 $\hat{X}\hat{P}$과 $\hat{P}\hat{X}$은 어느 정도 다를까? 여기서 중요한 것이 플랑크 상수다. '위치의 불확정성과 운동량의 불확정성의 곱이 플랑크 상수 이상이다.'라는 것은 위치 행렬 $\hat{X}$과 운동량 행렬 $\hat{P}$ 사이에는 반드시 어떤 형태로든 플랑크 상수(h)를 통한 관계가 있어야 한다. 이것을 바탕으로 해서 하이젠베르크는 다음과 같은 가설을 제창했다. 위치 행렬 $\hat{X}$과 운동량 행렬 $\hat{P}$의 곱셈의 차이는 플랑크 상수(를 2π로 나눈 것)가 된다.

수식으로 쓴다면 $\hat{X}\hat{P}=i\hbar$다. 단, $\hbar=h/2\pi$다.[4] ($\hbar$는 에이치 바라고 읽는다.) 오늘날에는 **정준 교환관계**라고 부르는 양자역학의 기본 원리 가운데 하나다.

정준 교환관계가 성립한다면, '위치→운동량' 순으로 측정한 결과 ($\hat{P}\hat{X}\psi$)와 '운동량→위치' 순으로 측정한 결과($\hat{X}\hat{P}\psi$)에는 플랑크 상수 정도의 차이가 생긴다. 이것은 '위치→운동량'이라는 순서로 측정한 결과와 '운동량→위치'라는 순서로 측정한 결과가 플랑크 상수 정도로 다르다는 의미다. 즉 위치 측정이 운동량 정보를 흩트리고, 운동량 측정이 위치 정보를 흩트리는 것이다. 왜냐하면 만일 위치와 운동량을 서로의 정보를 흩

---

4 갑자기 등장한 허수단위에 위화감을 느낄 수도 있지만, 이것은 위치와 운동량 기댓값이 실수가 되므로 자연스럽게 나타난다. 자세한 내용은 권말에 있는 부록을 참조하길 바란다. 플랑크 상수를 2π로 나누는 것은 푸리에 변환이라 부르는 수학과 관계있지만, 설명은 생략한다.

트리지 않고 측정할 수 있다면, 위치 측정과 운동량 측정은 순서를 바꿔도 결과에 영향을 주지 않기 때문이다.

이것은 $\hat{X}\hat{P}=\hat{P}\hat{X}$을 의미하므로, 정준 교환관계를 위반한다. 결과적으로 정준 교환관계가 성립한다면, 위치와 운동량을 동시에 측정하면 측정 순서로 인한 불확정성 때문에 반드시 어느 한쪽의 정보가 흩트려져서 결과적으로 플랑크 상수 정도의 불확정성이 남는다. 이것은 불확정성 관계의 주장과 맞아떨어진다. **정준 교환관계와 불확정성 관계는 표리일체**인 것이다. 여기서는 글로 설명했지만, 정준 교환관계를 만족한다고 하면, 위치와 운동량의 불확정성(분산) ΔX와 ΔP가 $\Delta X \times \Delta P \geq \dfrac{h}{2}$ 가 되는 것을 수학적으로 증명할 수 있다. 흥미를 느낀 분은 권말에 있는 부록을 참조하길 바란다.

행렬역학의 처방전

이처럼 위치와 운동량을 행렬로 표시하고, 양자 상태를 벡터로 표시하는 방식을 채택하면, 고전물리학의 표현 방식으로는 아무리 애써도 달성할 수 없었던 불확정성 관계를 자연스럽게 실현할 수 있다. 양자를 표현할 수 있는 그릇을 마침내 마련한 것이다.

이 그릇은 터무니없을 정도로 거대하다. 예를 들어서 양자의 속도가 완전히 확정됐다고 해보자. 이것은 운동량의 불확정성 ΔP가 제로인 상태다. 그러면 불확정성 관계 $\Delta X \times \Delta P \geq \frac{h}{2}$ 로부터 ΔX(위치의 불확정성)는 무한대가 되므로, 그런 양자는 온갖 위치에 동시에 존재해 우주의 온갖 장소에서 발견될 가능성이 있다. 그런 양자의 상태를 나타내려면 우주의 모든 점에 관한 정보가 필요하므로, 상태 벡터는 무한 차원인 벡터가 된다! 그런 양자를 일반적인 '숫자'로 표현하는 것은 절대 불가능하다. 초기 양자론이 잘 맞지 않았던 이유가 여기에 있다.

고전역학이든 양자역학이든 역학의 목적은 어떤 시각에 물체가 어디에 있고, 어느 정도의 빠르기로 움직이는지를 예측하는 것이다. 하이젠베르크가 상정한 양자는 위치와 운동량을 행렬로 표시하므로, **어떤 시각에 위치와 운동량이 어떤 행렬이 되는지를 올바르게 예측할 수 있으면 양자역학은 완성**되는 것이다.

고전역학에서 이런 일을 가능하게 한 것은 뉴턴의 운동방정식이었다. 양자 세계에서 같은 역할을 하는 것은 하이젠베르크가 심안으로 간파한 양자의 운동방정식이며, 그 이름은 '하이젠베르크 방정식'이다. 이 운동방정식을 풀어서 위치 행렬과 운동량 행렬을 구하고, 그것으로 계산한 통계량을 이용해서 양자의 운동을 이해한다. 이 양자역학이 지금껏 이름만 등장했던 **행렬역학**이다.

여기까지 준비를 마쳤으면, 하이젠베르크 방정식을 상세하게 설명하고 전자의 운동을 실제로 해석해 보여주는 일이 그렇게 어렵지 않다. 하지만 그런 방향은 양자역학 교과서에 맡기기로 하고, 여기서는 행렬역학의 전체 모습을 바라보면서 그 안에 양자의 자연관이 응축된 모습을 보기로 하자.

① 정준 교환관계

$$[\hat{X}(t), \hat{P}(t)]=i\hbar$$

$$([\hat{A}, \hat{B}]=\hat{A}\hat{B}-\hat{B}\hat{A} : \text{교환자})$$

② 해밀토니안

$$\hat{H}=\frac{\hat{P}(t)^2}{2m}+V(\hat{X}(t))$$

③ 하이젠베르크 방정식

$$-i\hbar\frac{d}{dt}\hat{A}(t)=[\hat{H}, \hat{A}(t)]$$

④ 물리량의 기댓값

$$\langle\hat{A}(t)\rangle = \vec{\psi}_0{}^{\dagger}\hat{A}(t)\vec{\psi}_0$$

$$(\vec{\psi}_0\text{는 상태 벡터})$$

그림 4-5 행렬역학의 처방전

단, $\hat{A}(t)$는 $\hat{X}(t)$와 $\hat{P}(t)$로 만들어진 행렬이며 일반적인 물리량을 나타낸다.

그림 4-5가 행렬역학의 처방전이다. 간단하게 표시하려고 양자가 한 방향으로만 움직이는 상황으로 제한했지만, 3차원 공간에서 움직이는 상황이라도 본질은 같다. 복잡한 수식이 늘어 있는 것처럼 보이겠지만, 걱정할 필요는 없다. 여기서 중요한 것은 식의 상세한 내용이 아니라, 각 식이 어떤 자연관을 표현하는가이다.

우선 대전제로 행렬역학에서는 위치와 운동량을 시간에 따라 변화하는 행렬로 표현한다. 그것이 $\hat{X}(t)$와 $\hat{P}(t)$다. 뉴턴역학에서는 위치와 운동량을 시간에 따라 변화하는 일반적인 숫자로 표현하지만, 행렬역학에서는 일반적인 숫자를 '행렬'로 격상한다.

위치와 운동량이 불확정성 관계를 만족하려면, 위치 행렬과 운동량 행렬은 모든 시각에서 정준 교환관계가 성립해야만 한다. 그것을 나타낸 것이 그림 4-5의 ①이다. '행렬의 곱셈을 순서를 바꿔서 차이를 계산한다.'라는 조작을 '교환자'라고 부르는 괄호 기호 [●, ●]를 사용해서 표현한다.

모든 시각에서 정준 교환관계를 만족하는 것은 얼핏 보기에는 어려울 것 같다. 하지만 나중에 등장하는 하이젠베르크 방정식을 만족하기만 하면, 어떤 시각에서 정준 교환관계가 성립할 때 모든 시각에서 정준 교환관계가 성립하는 것을 보여줄 수 있으므로 출발점이 되는 시각에서 정준 교환관계가 성립하면 충분하다.

그림 4-5의 ②에서 '해밀토니안'이라는 행렬이 등장했다. 의미불명인 것이 갑자기 등장해서 당황했을 수도 있겠지만, 이것은 고전역학에도 등장하는 중요한 양이며, 에너지에 해당한다. 실제로 위치와 운동량이 행렬인 것을 신경 쓰지 않는다면, 최초의 항인 $\dfrac{\hat{P}^2}{2m}$ 은 운동에너지, 제2항인

$V(\hat{X})$은 포텐셜(위치에너지)이다. $V(\hat{X})$의 형태는 양자에 어떤 힘이 작용하는가에 따라 달라진다. 양자역학을 자세하게 조사해 보면, 해밀토니안 (에너지)과 시간은 밀접하게 관련이 있어서 해밀토니안이 물리량의 시간 변화를 유도한다.(상세한 내용에 흥미를 느낀다면 권말 부록을 참조하길 바란다.) 하이젠베르크는 고전역학에서 성립하는 해밀토니안과 시간 변화의 관계가 그대로 양자 운동에도 성립할 것으로 생각했다.

그렇게 도달한 것이 그림 4-5의 ③, 하이젠베르크 방정식이다. 행렬 $\hat{A}(t)$는 일반적으로 물리량을 나타내는 행렬이며, 위치 행렬 $\hat{X}(t)$와 운동량 행렬 $\hat{P}(t)$를 조합해서 만든 행렬을 상정한다. 물론 위치나 운동량이라고 생각해도 상관없다.

하이젠베르크 방정식의 좌변에서는 물리량 $\hat{A}(t)$를 시간으로 미분한다. 30쪽에서 설명한 대로 일반적으로 함수 $f(t)$의 미분 $\dfrac{df}{dt}$는 $f(t)$ 변화의 빠르기, 즉 't가 아주 조금 지났을 때의 $f(t)$의 변화(율)'를 나타낸다. 따라서 하이젠베르크 방정식의 좌변은 '아주 조금 시간이 지났을 때의 행렬 $\hat{A}(t)$의 변화(율)'를 의미한다. 한편, 우변은 해밀토니안 $\hat{H}$과 행렬 $\hat{A}(t)$의 교환자다. 즉 아주 조금 시간이 지났을 때의 물리량 변화를 알고 싶다면, 해밀토니안과 물리량의 교환자를 계산하라는 것이 하이젠베르크 방정식의 의미다. 그러므로 출발점의 시각($t=0$)에서의 행렬 $\hat{A}(0)$에 교환자를 사용해서 계산한 변화량을 더하면, '시간이 조금(δt) 지난 후의 행렬 $\hat{A}(\delta t)$'를 구할 수 있다.[5] 이것을 몇 번이고 반복하면, 임의의 시각에서의 행렬 $\hat{A}(t)$

---

5 식으로 나타낸다면 $\hat{A}(t+\delta t) \simeq \hat{A}(t) + i\dfrac{\delta t}{\hbar}[\hat{H}, \hat{A}(t)]$다.

를 구할 수 있다.

이것으로 안심해서는 안 된다. 분명히 임의의 시각에서의 물리량(위치와 속도)을 예측한다는 목적은 이것으로 달성했지만, 양자역학의 자연관에서 '양자 본래의 물리량'과 '측정한 물리량'이 다르다는 것을 잊어서는 안 된다. 우리가 자연계에서 파악하는 것은 일반적인 숫자로 표현한 '측정한 물리량'이고, 양자역학에서 예측할 수 있는 것은 기댓값뿐이다. 그리고 (길이 1인) 상태 벡터를 $\vec{\psi}_0$라고 했을 때, 물리량 $\hat{A}(t)$의 기댓값은 행렬 $\hat{A}(t)$의 $\vec{\psi}_0$ 성분으로 주어진다고 생각하는 것이 하이젠베르크 방식이었다. 그것을 표현한 것이 그림 4-5의 ④이다.

정리하면 정준 교환관계를 만족하는 위치 행렬과 운동량 행렬을 준비하고, 생각하는 상황에 맞춰서 해밀토니안을 구성한다. 거기서부터 유도한 하이젠베르크 방정식을 풀어서 임의의 시각에서의 물리량 행렬을 계산하고, 상태 벡터에 관한 행렬의 성분을 계산해서 물리량의 기댓값을 예측한다. 이것이 행렬역학이다. 이런 과정 자체에 앞에서 서술한 양자의 자연관이 진하게 나타나는 것을 알 수 있다. 이렇게 해서 임의의 시각에서의 위치와 운동량(의 통계량)을 예측하는 역학의 목적을 달성한다.

중요한 것은 이 과정을 따르면 양자가 관련된 온갖 자연현상을 정확하게 예측할 수 있다는 사실이다. 수소 원자의 발광 스펙트럼은 물론이고, 초기 양자론이 올바르게 계산할 수 없었던 다른 원자·분자의 발광 스펙트럼도 올바르게 계산할 수 있다. (물론 계산이 너무 복잡하다면 적절한 근사치를 구하거나, 컴퓨터를 사용할 필요가 있지만) 이는 행렬역학이 자연계를 설명하는 체계로서 바르게 기능하는 것을 보여주며, 동시에 위치와 속도는 진정한 의미에서 값이 정해지지 않으므로, 행렬로 표현해야 하는 존재라는 놀라운 가설이 과학적 의미에서 옳다는 사실을 증명하기도 하다. 이렇게 해서 마침내 양자역학이 완성된 것이다!

제5장

양자의 군상

"역설을 만나는 일은 매우 멋진 일이다.
이제 우리는 전진할 수 있다는 희망을 품을 수 있다."

- 닐스 보어

머리말에 있는 이 구절을 기억하고 있는가?

"사실 양자를 표현하는 방법은 한 가지가 아니다. 하이젠베르크의 행렬역학, 슈뢰딩거의 파동역학, 파인먼의 경로적분 등 다양하다. 보기에는 다르지만, 이들은 모두 같은 예측 능력으로 양자를 올바르게 기술한다. 같은 산을 보더라도 여러 각도에서 바라보는 경험을 쌓아야만 비로소 아름다운 산의 전체 모습을 조감할 수 있는 것처럼, 여러 각도에서 '관측'하는 경험을 쌓아서 '양자'의 모습을 마음속에서 그릴 수 있다면 대성공이다."

이처럼 머리말에서 먼저 말했듯 행렬역학은 양자를 표현하는 방법 가운데 하나일 뿐이다. 완전히 같은 예측 능력을 갖췄지만, 겉모습과 계산 방법이 전혀 다른 양자역학이 몇 가지 더 있다.

물론 행렬역학만 알고 있으면 다른 방법을 몰라도 양자 계산이 가능하다. 하지만 그것은 양자를 한쪽 면에서만 보는 것일 뿐이다. 예를 들어서 여러분이 이 책을 읽고 있는 주변 공간을 시각으로 인식할지 청각으로 인식할지에 따라 '관측하는 방법'이 전혀 달라지는데, 그것들은 같은 세상의 다른 측면이다. 우리는 평소 시각이나 청각에 한정하지 않고 여러 기준으로 파악한 모습을 통합해서 세상을 인식한다.

양자 세계도 마찬가지다. 행렬을 사용하지 않는 양자역학을 알면 양자의 완전히 새로운 모습을 볼 수 있다. 말하자면, 각 양자역학은 양자를 보는 서로 다른 '눈'이다. 보는 장소에 따라 산의 모습이 다르게 보이는 것처럼 양자를 보는 눈이 늘어날수록 우리는 복합적인 양자를 볼 수 있다. 이것이야말로 '양자를 여러 각도에서 관측하는 경험'이다. 그래서 이번 장에서는 슈뢰딩거와 파인먼이 찾아낸 양자의 모습을 소개하고, 양자를 보는 여러 눈을 획득하도록 하자.

행렬과 벡터, 어느 쪽이 본질?

"5분 후에 다음 역에 도착합니다." "투수, 던졌습니다. 시속 150km!" 등의 표현에서 알 수 있듯이 우리는 평소 물체가 언제 어디에 있으며 어느 정도의 빠르기로 움직이는지를 주의 깊게 확인한다. 뉴턴역학은 이를 정밀하게 만든 것이다. 어떤 시각에 특정 위치에 있는 것은 '시각 t를 결정하면 위치 x가 정해진다.'라는 것이며, 이것은 '위치는 시각의 함수 $x(t)$로 표현한다.'라는 것과 같다. (여기서 말한 '~를 결정하면 값이 하나로 정해진다.'라는 것은 함수의 본질로 잠시 후에 다른 상황에 등장하므로 머릿속 한구석에 담아두길 권한다.) 그리고 이 함수 $x(t)$를 운동방정식으로 풀어서 찾는 것이 뉴턴역학의 방식이다.

이렇게 보면 뉴턴역학과 행렬역학은 의외로 비슷하다. 실제로 행렬역학에서도 양자의 운동을 '시간에 따라 변하는 위치와 운동량'으로 표현한다. 위치와 운동량이 행렬이라고 하는 성가신 사정은 있지만, 운동방정식 (하이젠베르크 방정식)을 풀어서 위치와 운동량을 결정하려는 정신은 뉴턴역학과 마찬가지다.

다만, 양자에는 양자 특유의 사정이 있어서 위치 행렬과 운동량 행렬을 결정하는 것만으로 끝나지 않는다. 위치와 운동량과는 별도로 양자 상태를 나타내는 '상태 벡터'를 도입하고, 거기에 행렬을 작용하게 만들어야 비로소 양자의 (통계) 정보를 읽을 수 있다. '눈에 보이는 그대로가 세상이 아니다.'라는 양자역학의 자연관을 반영해서, 눈에 보이지 않는 양자 상태를 나타내는 상태 벡터와 거기서 물리량을 읽는 행렬을 별도의 개념으로 구분하는 것이다. 양자역학이 기능하려면 위치와 운동량이라는 행렬만이 아니라, 상태 벡터도 필요하다.

이제 여기서 소박한 의문이 생긴다. 행렬과 상태 벡터 중 어느 쪽이 양자의 본질일까?

행렬역학에서는 위치 행렬과 운동량 행렬이 시간에 따라 변하지만, 상태 벡터는 변하지 않는다. 그렇다면 상태 벡터는 인간이 양자 정보를 읽는 데 필요한 보조적인 개념이고, 뉴턴역학처럼 양자의 본질은 위치와 운동량을 나타내는 행렬이 책임진다고 생각하면 될까?

결론부터 말하자면, 이런 생각은 잘못이라기보다 한 가지 견해에 불과하다. '양자란 행렬이 운동하는 것이다.'라는 생각과 '양자란 상태 벡터가 운동하는 것이다.'라는 생각 모두 괜찮다. 전자는 앞 장에서부터 친숙하게 등장한 행렬역학이며, 후자는 파동역학이라는, 겉보기에는 다르지만 완전히 같은 예측 능력을 보여주는 양자역학의 사고방식이다. 즉 행렬역학과 파동역학은 통계 수법과 프로세스가 전혀 다르지만, 결론은 완전히 일치한다.

이제부터 실제로 행렬역학을 유도할 텐데, 수식이 부담스러우면 **행렬이 움직이고 벡터는 움직이지 않는 것이 하이젠베르크 방식(행렬역학)**, 행렬은 움직이지 않고 벡터가 움직이는 것이 슈뢰딩거 방식(파동역학)이며, 둘다 **예측 능력은 같다**는 사실을 받아들인 후에 147쪽으로 넘어가더라도 뒷이야기를 이해하지 못하는 일은 없을 테니 안심하길 바란다.

하이젠베르크에서 슈뢰딩거로

그러면 빨리 새로운 양자역학의 풍경을 만나러 가자. 이 부분은 어려워서 작은 단계를 설정해 천천히 가도록 하자. 모두 6단계로 나눠 살펴보기로 한다.

하이젠베르크 방정식

여행의 출발점은 현재의 도착점인 행렬역학이다. 우선, 준비 삼아서 복습부터 시작하자. 행렬역학에서는 위치와 운동량을 비롯한 물리량을 시간과 함께 변화하는 행렬로 표현했다. 이번에도 그런 행렬 가운데 하나를 $\hat{A}(t)$라고 하자.

편집자는 싫어하겠지만, 행렬역학의 핵심인 하이젠베르크 방정식을 곰곰이 관찰해서 그 구조를 풀어내는 것이 이야기의 중요한 부분이므로, 여기서는 얼버무리지 않고 제대로 기술하겠다.

하이젠베르크 방정식은 $\frac{d}{dt}\hat{A}(t) = \frac{i}{h}[\hat{H}, \hat{A}(t)]$이다. 132쪽의 결론을 반복하자면, 이 식에는 '시간이 조금(δt)만 지난 다음의 $\hat{A}$의 변화는 $\hat{H}$과 $\hat{A}$의 교환자를 계산하면 알 수 있다.'라는 의미가 있었다. 그러므로 이 방정식은 다음과 같이 고쳐 쓸 수 있다.

$$\hat{A}(\delta t) = \hat{A}(0) + i\frac{\delta t}{h}\hat{H}\hat{A}(0) - i\frac{\delta t}{h}\hat{A}(0)\hat{H} \quad \cdots\cdots (1)$$

일부러 교환자를 사용하지 않고 행렬의 곱으로 기술했다. 식을 보기 쉽게 하려고 변화하기 전의 시각은 $t=0$으로 한다.

우변을 보기 쉽게 만들자

쓴 것까지는 좋은데 식 (1)의 우변은 상당히 복잡해 보인다. 이런 것은 좋지 않다. 인생이란 종종 복잡한 것을 복잡한 채로 이해하려고 해서 복잡해지는 것이다. 이런 상황에서 쓸 수 있는 상투적인 수단은 **패턴을 간파해서 단순화하는 것**이다. 이 식의 패턴을 열거하면 이렇다.

① 세 개의 항 전부에 공통으로 행렬 $\hat{A}(0)$을 포함한다.

② 제2항과 제3항에는 해밀토니안 $\hat{H}$이 좌우에 각각 작용한다.

③ $\hat{H}$을 포함하는 항에는 미세한 시간 δt를 포함한 순허수 $i\dfrac{\delta t}{\hbar}$가 세트로 돼 있다.

이런 패턴을 사용해서 $\hat{A}(\delta t)$를 가능한 한 단순한 형태로 고쳐 쓰자는 것이 첫 번째 단계다. 이것은 일종의 퍼즐과 같으므로, 여기서 책을 덮고 나름대로 생각해 보는 것도 재미다.

결론을 써보자. 이 식은 다음과 같이 고쳐 쓸 수 있다.[1]

$$\hat{A}(\delta t) = \left(1 + i\frac{\delta t}{\hbar}\hat{H}\right)\hat{A}(0)\left(1 - i\frac{\delta t}{\hbar}\hat{H}\right)$$

비슷한 모양을 한 행렬이 $\hat{A}(0)$을 좌우에서 샌드위치처럼 감싸고 있는 것이 특징이다.

---

1 단, δt는 매우 작다고 생각해서 δt^2을 포함하는 항은 무시한다. 불편하게 느낄 수도 있지만, 이 부분을 무시해도 좋다는 것이 미분의 본질이다.

시간 변화 행렬

$\hat{A}(0)$을 사이에 두고 좌우의 행렬 $\left(1\pm i\dfrac{\delta t}{\hbar}\hat{H}\right)$은 거의 같은 형태를 하고 있으며, 차이는 가운데에 있는 부호뿐이다. 그리고 Step 2의 ③에서 지적한 대로 $\hat{H}$에 곱해진 계수는 순허수다. 순허수는 켤레복소수로 만들면 부호가 바뀌므로, 좌우의 행렬은 서로 켤레복소수임을 알 수 있다. (정확하게는 '에르미트 켤레'이지만, 본질은 같으므로 연상하기 쉬운 것을 우선했다. 자세한 내용은 부록을 참조하길 바란다.)

이제 이 행렬을 $\hat{T}(\delta t)=1-i\dfrac{\delta t}{\hbar}\hat{H}$, $\hat{T}(\delta t)^{\dagger}=1+i\dfrac{\delta t}{\hbar}\hat{H}$으로 기술한다. $\hat{T}(\delta t)^{\dagger}$의 오른쪽 위에 있는 † 기호가 켤레복소수(에르미트 켤레)로 만들었다는 표시다. 이렇게 기술하면 좌우의 행렬이 본질적으로 같다는 것을 한눈에 알 수 있다. 이 기호를 사용하면 하이젠베르크 방정식은 다음과 같이 기술할 수 있다.

$$\hat{A}(\delta t)=\hat{T}(\delta t)^{\dagger}\hat{A}(0)\hat{T}(\delta t)$$

상당히 보기 쉬운 형태가 됐다. 이 식은 '행렬 $\hat{T}(\delta t)$를 사용해 $\hat{A}(0)$을 사이에 넣으니, 시간이 δt만큼 흘러서 $\hat{A}(\delta t)$로 변화했다.'라고 읽을 수 있다. $\hat{T}(\delta t)$가 시간 진행을 촉진하는 것이다. 그런 의도를 담아서 행렬 $\hat{T}(\delta t)$를 **시간 변화 행렬**이라 부른다.

우리가 측정할 수 있는 것·양자역학이 예측할 수 있는 것

우리가 자연계에서 읽을 수 있는 것은 **물리량의 측정치뿐**이라는 사실을 다시 떠올려보자. 그리고 양자 이론이 예측할 수 있는 것은 같은 조건으로 몇 번이고 반복 측정해서 얻은 측정치의 평균, 즉 **물리량의 기댓값뿐**이라는 양자의 자연관도 떠올려보자. 물리량에 대응하는 행렬이 중요한 것은 당연하지만, 그것만으로는 양자역학의 목표인 기댓값을 구할 수 없다.

앞 장에서 설명한 대로 행렬역학에서 기댓값은 상태 벡터에 대한 행렬 성분이었다. 이것은 행렬이 작용해서 변형된 상태 벡터와 변형하기 전 상태 벡터의 내적을 계산해서 구한다. 124쪽에서 설명한 대로 일반적인 물리량 $\hat{A}$의 시각 δt에서 상태 벡터를 $\vec{\psi}_0$라고 하면 기댓값은 $\langle \hat{A}(\delta t) \rangle = \vec{\psi}_0^{\dagger} \hat{A}(\delta t) \vec{\psi}_0$가 된다.

하이젠베르크 묘사 - M·ADA·M

'앞 장의 내용을 반복하는 것뿐이잖아.'라고 생각할 수도 있을 것이다. 솔직히 인정한다. 단지 차이가 있다면, '시간 진행 행렬'을 사용해서 간단하게 표현했다는 점이다. 내용 자체는 앞 장의 설명과 완전히 같다. 하지만 이런 간단한 표현이 중요하다. 앞서 시간 진행 식을 사용해서 기댓값을 다시 기술하면 아래와 같다.

$$\langle \hat{A}(\delta t) \rangle = \vec{\psi}_0{}^{\dagger} \hat{T}(\delta t)^{\dagger} \hat{A}(0) \hat{T}(\delta t) \vec{\psi}_0$$

이것은 madam이라는 단어처럼 앞에서 읽든, 뒤에서 읽든 같은 단어가 되는 구조이다. 행렬역학에서는 이 식을 '시간에 따라 변화하는 행렬 $\hat{A}(\delta t) = \hat{T}(\delta t)^{\dagger} \hat{A}(0) \hat{T}(\delta t)$를 시간에 따라 변화하지 않는 벡터 $\vec{\psi}_0$를 사용해서 사이에 넣은 것'으로 해석했다. madam을 'm' 'ada' 'm'으로 나눠서 읽는 것과 비슷하다.

이런 구조를 일부러 강조해서 쓰면 다음 식이 된다.

$$\langle \hat{A}(\delta t) \rangle = \vec{\psi}_0{}^{\dagger} \cdot (\hat{T}(\delta t)^{\dagger} \hat{A}(0) \hat{T}(\delta t)) \cdot \vec{\psi}_0$$

이런 방식을 **하이젠베르크 묘사**라고 부른다.

슈뢰딩거 묘사 - MA · D · AM

여기서 소박한 의문이 생긴다. 'm' 'ada' 'm'이 아니라, 'ma' 'd' 'am'으로 구분하면 안 될까? 즉 같은 식을 $\langle \hat{A}(\delta t) \rangle = (\vec{\psi}_0{}^\dagger \hat{T}(\delta t)^\dagger) \cdot \hat{A}(0) \cdot \hat{T}(\delta t)\vec{\psi}_0$라고 쓰고 '기댓값은 행렬 $\hat{A}(0)$을 벡터 $\hat{T}(\delta t)\vec{\psi}_0$를 사용해서 사이에 넣은 것'으로 해석하면 안 될까?

물론 한 덩어리의 식을 어디서 구분할지는 각자 마음대로다. 이렇게 한다고 해서 안 될 이유는 전혀 없다. $\hat{T}(\delta t)\vec{\psi}_0$는 행렬 $\hat{T}(\delta t)$가 벡터 $\vec{\psi}_0$에 작용해서 변형시킨 새로운 벡터다. $\hat{T}(\delta t)$는 시간 변화를 유발하는 행렬이었다는 것을 떠올려보면, 이 새로운 벡터 $\hat{T}(\delta t)\vec{\psi}_0$는 '시간이 δt만큼 지난 벡터 $\vec{\psi}(\delta t)$'라고 해석해야 한다. 이 해석대로라면 상태 벡터는 $\vec{\psi}(\delta t) = \hat{T}(\delta t)\vec{\psi}_0$처럼 시간에 따라 변화한다고 생각할 수 있다.

한편 이렇게 해석하면 시간 변화 행렬은 행렬이 아니고 벡터에 작용한다고 생각할 수 있으므로, 물리량을 나타내는 행렬 $\hat{A}(0)$은 시간에 따라 변화하지 않게 된다. 시간 변화 행렬이 작용하는 대상이 행렬에서 상태 벡터로 바뀌어서 시간에 따라 변화하는 양이 행렬에서 상태 벡터로 바뀐 것이다. 이처럼 물리량을 나타내는 행렬이 시간에 따라 변화하지 않고, 상태 벡터가 시간에 따라 변화한다고 보는 견해를 **슈뢰딩거 묘사**라고 부른다. 이것이야말로 양자의 또 다른 풍경이다.

하이젠베르크 묘사와 슈뢰딩거 묘사는 어느 쪽이 맞을까? 여기까지 왔으면 짐작하겠지만, 정답은 '둘 다 맞다.'이다. 원래 양자역학은 측정치의 통계량을 계산하기가 목적인 이론 체계다. 두 가지 묘사는 같은 식에 대한 다른 해석일 뿐이다. 그렇다면 하이젠베르크 묘사를 채택하든 슈뢰딩거 묘사를 선택하든 거기서 나온 양자역학은 예측 능력이 완전히 같다. 어떤 방법을 채택해서 계산할지는 단순히 취향의 문제일 뿐이다.

파동함수와 슈뢰딩거 방정식

슈뢰딩거 묘사를 기반으로 한 양자역학을 **파동역학**이라 부른다. 이 이름의 유래는 시간에 따라 변화하는 상태 벡터가 마치 파동처럼 행동하기 때문이다. 실제로 129쪽에서 서술한 대로 상태 벡터란 우주의 모든 점에서 양자 정보를 가지는 무한 차원 벡터이므로, 그것이 시간에 따라 변화하면 공간 전체로 퍼진 양자 정보가 시간과 함께 변화한다. 이것은 '파동'이라 부르기에 어울리는 특징이다.

벡터라는 표현을 사용하면 더 구체적인 느낌이 든다. 슈뢰딩거 묘사에서는 상태 벡터가 시간에 따라 변화하므로, 시각 t에서의 상태 벡터를 $\vec{\psi}(t)$라고 기술하자. 이 상태 벡터에서 특정 위치에서의 양자 정보를 뽑아내기 위해 '위치 x에만 존재한다.'라는 특수한 상태를 나타내는 (길이가 1인) 벡터 $\vec{\psi}_x$를 준비해서 $\vec{\psi}(t)$와 내적을 계산하자.

그림 5-1 파동함수 모식도

내적이란 두 벡터의 중첩 정도이므로, 이것은 $\vec{\psi}(t)$의 x 성분, 즉 **이 양**
자가 위치 x에 어느 정도 비율로 존재하는가를 나타낸다. '우주의 각 점에
서 양자의 존재 밀도를 나타내는 함수'라고 해도 좋다. 이 함수를 **파동함수**
라고 부른다. 상태 벡터가 시간에 따라 변화하면 그 화신인 파동함수는 파
동처럼 움직인다. **그림 5-1**

하이젠베르크 묘사에서는 하이젠베르크 방정식을 따라 변화했지만,
슈뢰딩거 묘사에서는 행렬이 움직이지 않고, 그 대신 상태 벡터가 변화한
다. 그렇다면 상태 벡터(파동함수)는 어떤 방정식을 따라 변화할까?

답은 이미 나와 있다. 146쪽의 Step 6을 다시 보면, 상태 벡터 $\vec{\psi}(t)$가
미세한 시간 δt 동안 $\hat{T}(\delta t)\vec{\psi}(t)$로 변화했다고 생각하는 것이 슈뢰딩거 묘
사였다. 즉 $\vec{\psi}(t+\delta t)=\hat{T}(\delta t)\vec{\psi}(t)$다. 시간 변화 행렬은 $\hat{T}(\delta t)=1-i\dfrac{\delta t}{\hbar}\hat{H}$으
로 기술할 수 있으므로, $\vec{\psi}(t+\delta t)=\vec{\psi}(t)-i\dfrac{\delta t}{\hbar}\hat{H}\vec{\psi}(t)$가 된다. 이 식을 약간
변형하면, $\dfrac{\vec{\psi}(t+\delta t)-\vec{\psi}(t)}{\delta t}=-\dfrac{i}{\hbar}\hat{H}\vec{\psi}(t)$가 되는데, 30쪽에서 설명한 미분

의 정의를 보면 이 식의 좌변은 $\vec{\psi}(t)$의 미분 그 자체다. 이것이 그 유명한 **슈뢰딩거 방정식**이다.

슈뢰딩거 방정식에서는 상태 벡터와 파동함수가 같으므로 이 식을 파동함수 방정식이라 생각해도 좋다. 식을 유도하는 과정에서도 알 수 있듯이, 그 내용은 하이젠베르크 방정식과 완전히 같다. 이 방정식을 풀어서 상태 벡터(파동함수)를 구하면, 물리량의 기댓값을 계산할 수 있다. 이것 또한 양자역학의 한 모습이다.

파동역학은 행렬역학과 완전히 같지만, 인상이 상당히 다르다. 행렬역학은 행렬로 된 위치와 운동량을 가지는 '추상적인 입자'인 것을 다룰 때 편하고, 파동역학은 간섭을 비롯한 파동 특성이 전면에 나타나는 양자 현상을 다룰 때 매우 편리하다. 무한개인 요소를 갖는 벡터를 다루는 하이젠베르크 방정식보다 미분방정식 지식을 사용할 수 있는 슈뢰딩거 방정식이 이해하기 쉬운 것도 한몫해서, 종종 파동역학이 양자역학의 대표로 여겨진다. 이것은 이것대로 틀리지 않았다.

하지만 이제까지 설명한 대로 이런 견해 역시 한 면만을 보여준다. 예를 들어서 파동함수는 양자의 '존재 밀도'를 나타내는 함수라 설명했지만, 어디까지나 한 가지 예일 뿐으로 정확한 표현이 아니다. 슈뢰딩거 방정식에 허수 i가 있는 것을 보면 알 수 있듯이 파동함수는 복소함수이므로, 양자의 존재 확률에 대응하는 것은 파동함수 절댓값의 제곱이 정확하다. 복소함수인 파동함수를 '양자 그 자체'라고 생각하는 것은 역시 무리가 있다. 파동함수의 정체는 추상적인 상태 벡터이며, 파동함수의 배후에 있는 '파동'이라는 이미지 또한 비유에 불과하다.

어떤 천재의 양자역학
경로적분법

양자역학에 대한 이해가 일단락된 1948년에는 행렬역학도 아니고 파동역학도 아닌 기묘한 형식의 양자역학이 제안됐다. 이 양자역학에서는 행렬도 벡터도 사용하지 않는다. 그러므로 정준 교환관계가 없고, 파동함수도 없다. 고전역학과 마찬가지로 양자의 위치와 운동량은 정해진 값을 가진다고 생각하므로 그 궤도는 시간 함수로 표현한다.

'잠깐, 지금까지의 고생은 다 뭐였어?'라고 생각할 수도 있다. 하지만 안심(?)해도 좋다. 물론 대가는 필요하다. 고전역학에서는 입자 궤적이 하나지만, 이 형식에서는 **양자(입자) 하나가 가능한 모든 경로를 동시에 통과한다**고 생각한다.

예를 들어서 어떤 시점에 검지 위에 있던 양자를 훅 불었더니, 3초 후에는 책상 위에 있었다고 하자. 검지에서 책상을 잇는 '가능한 경로' 중에는 올곧게 목적지를 향하는 것도 있고, 지그재그로 구부러진 것도 있고, 달에 갔다고 돌아오는 것도 있다. 양자가 3초 동안 그 모든 경로를 동시에 통과해서 책상 위에 도착했다고 생각하는 것이다. **그림 5-2** 구체적으로 무엇을 계산하는지는 나중에 설명하겠지만, 이런 무수한 경로가 관계한 것을 전부 더하면 파동역학이 예언하는 상태 벡터를 완벽하게 재현할 수 있다. 즉 이 방법도 역시 행렬역학이나 파동역학과 같은 예측 능력을 지닌

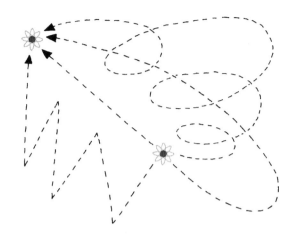

그림 5-2 입자 하나는 가능한 모든 경로를 동시에 통과한다

양자역학 중 하나이며 **경로적분법**이라 부른다.

뉴턴역학의 심연으로

이런 파격적인 양자역학을 발안한 사람은 미국의 물리학자 리처드 파인먼이다. 그의 발상을 이해하려면 뉴턴역학을 더 깊이 파고들어 가서 운동방정식과는 다른 시점에서 입자 운동의 의미를 새로 파악해야 한다. 그래서 잠시 행렬과 벡터, 파동함수 모두를 잊고 위치와 속도를 일반적인 숫자로 표현하는 고전물리학의 세계로 돌아가자.

고전물리학의 자연관에서는 입자 위치가 완전히 결정돼 있다고 생각하므로, 입자 위치는 단순히 시간 함수인 $x(t)$로 표현한다. (이 얼마나 안심이 되는가!) 결국 뉴턴역학이란 이 함수 $x(t)$를 결정하는 방법론이다.

가장 일반적인 방법은 운동방정식을 푸는 것이다. 예를 들어서 힘이 전혀 작용하지 않는 입자의 운동방정식은 가속도=0이다. 제1장에서 본대로 가속도는 속도를 시간으로 미분한 것이다. 그리고 속도는 위치를 시간으로 미분한 것이다. 즉 이 운동방정식은 '$x(t)$는 시간 t로 두 번 미분했을 때 제로가 되는 함수를 구하라.'라는 의미다. 그런 (연속) 함수는 $x(t)=vt+x_0$밖에 없다. x_0는 시각 0에서의 위치, v는 일정한 속도라고 해석할 수 있으므로, 이 식은 등속 직선운동을 나타낸다. 힘이 작용하지 않을 때 입자의 궤적을 이렇게 정확하게 예측했다.

물론 이것은 간단한 사례이지만, 더 복잡한 상황이라도 본질은 같다. 어떤 시각에서의 위치와 속도에서 출발해 운동방정식을 만족하는 함수 $x(t)$를 구하면 목적을 달성한다. 뉴턴역학의 더 깊은 심연은 이 운동방정식을 파고들어 가면 볼 수 있다.

함수를 변수로

운동방정식은 '힘=질량×가속도'이므로, 물체에 작용하는 힘을 알면 운동방정식을 세울 수 있다. 여기서는 물체에 작용하는 힘을 '물체의 위치가 정해지면 일정하게 작용하는 힘'으로 한정해서 생각하자. 예를 들어서 만유인력은 전형적으로 여기에 해당하는 힘이다. 실제로 물체의 질량이 정해져 있으면 만유인력은 물체 사이의 거리에 의해서만 결정된다. 이런 힘을 '보존력'이라 부른다.[2] 이 밖에도 정전기력과 용수철의 탄성력 등도 물체의 위치 관계가 힘을 결정하므로 보존력이다. 물론 마찰력이나 공기 저항처럼 보존력이 아닌 힘도 많이 있지만, 마찰력이나 공기 저항도 마이크로 차원에서 보면 분자 사이에 작용하는 힘(이것은 보존력이다.)의 표출이므로, 각종 힘은 원래 전부 보존력에서 유래한다. 그런 의미에서 힘을 보존력으로 한정하는 것은 나쁜 가정이 아니다.

이제부터 시점이 약간 추상적으로 변하니 머리를 마사지하길 권한다. 보존력은 위치 $x(t)$가 정해지면 하나로 일정하게 작용하는 힘이다. 그리고 일반적으로 힘이란 시간과 함께 변화하므로 이것 역시 시간 함수다. 즉 보존력은 '$x(t)$로부터 정해지는 (시간) 함수'라고 할 수 있다.

운동방정식에 등장하는 캐릭터는 힘과 가속도다. 그러면 가속도도 보존력처럼 '함수 $x(t)$로부터 정해지는 함수'라고 해석할 수 있을까? 실은 이것도 가능하다. 왜냐하면 앞 절에서 서술한 것처럼 가속도는 위치를 두 번 미분한 것이므로, 위치 함수 $x(t)$가 정해지면 가속도는 한 가지로 정해지기 때문이다. 즉 뉴턴의 운동방정식을 질량×가속도=힘=0이라고 기술하면 좌변은 통째로 '함수 $x(t)$로부터 정해지는 함수'다. 그래서 이것을 $N\{x(t)\}$라고 써서 표현하자. (뉴턴에 경의를 표하는 의미에서 머리글자인 N

---

2 정확하게는 뒤에서 서술하는 '포텐셜'의 구배(gradient)로 표시하는 힘을 보존력이라 하지만, 일단은 대략적으로 이해하자.

을 사용했다.) 이렇게 쓰는 방식에서는 운동방정식 $N\{x(t)\}=0$이다.

이것은 대수방정식이라고 할 수 있다. 대수방정식이란 통상적인 함수에 관해서 성립하는 $f(x)=0$과 같은 방정식을 말하는데, 이것은 '무수한 숫자 x 가운데서 $f(x)$의 값을 제로로 만드는 숫자를 찾으시오.'라는 문제다. 그리고 운동방정식 $N\{x(t)\}=0$은 '무수한 함수 $x(t)$ 중에서 $N\{x(t)\}$가 항상 제로가 되는 함수를 찾으시오.'라는 문제다. **함수 그 자체를 변수로 생각하자**는 것이다. 이런 자유로움이 수학의 매력 중 하나다.

함수와 지형

이 유사성이 왜 중요하냐면, 대수방정식에 '그래프'라는 기하학적인 의미를 붙일 수 있는 것과 마찬가지로, 운동방정식의 배후에 기하학적인 '그림'을 투영해 볼 수 있기 때문이다. 그 의미를 이해하려면, 우선은 통상적인 함수 $f(x)$부터 시작하자.

약간 일방적이긴 하지만, 뒤에 나오는 이야기와 이어지도록 함수 $f(x)$를 'x축 위에 그려진 지형의 구배'라고 생각하자. $f(x)$가 양의 값을 가지는 곳에서는 오르막길, 음의 값을 가지는 곳에서는 내리막길이 있다고 생각하는 것이다. 구체적인 예를 보여주는 편이 이해하기 쉬우니 그림 5-3을 보자. 여기서는 $f(x)=x^2-1$이다. x값을 하나 정했을 때 $f(x)$의 값을 구배라고 생각해서 거기서부터 대응하는 지형을 상상하는 것이다. x가

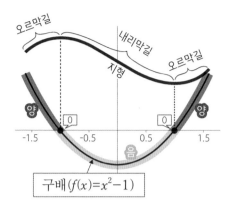

오르막길 내리막길 오르막길

지형

양 양

-1.5 -0.5 0.5 1.5

음

구배 $(f(x)=x^2-1)$

그림 5-3 $f(x)$를 '구배'로 간주했을 때의 지형

$f(x)>0$인 지형은 오르막길, $f(x)<0$인 지형은 내리막길, $f(x)=0$인 지형은 마루 또는 골짜기 바닥에 해당한다.

－1부터 1까지의 구간에서 $f(x)$는 음수이므로 경사면은 내려가고, 그 외의 구간에서는 올라간다. $f(x)=0$이 되는 곳$(x=\pm1)$에서는 구배가 0이다. 즉 골짜기의 바닥이나 마루 중 하나가 되는 것이다. 이렇게 해서 '함숫값'이라는 대수적인 관계를 '지형과 구배'라는 기하학적인 관계로 바꿔 읽는 다.[3]

또한 지금은 이야기를 간단하게 만들려고 변수가 하나인 함수를 예로 들었지만, '지형'으로 바라보는 발상을 다변수 함수에 응용하는 것도 간단하다. 예를 들어서, 그림 5-4처럼 3차원 지형도라면 x 방향과 y 방향으로

---

3 구배란 그래프의 기울기이므로, 지형을 나타내는 함수를 미분하면 $f(x)$가 된다. 수학에 익숙한 독자라면, 지형을 나타내는 함수는 $f(x)$의 적분임을 알아차렸을 것이다.

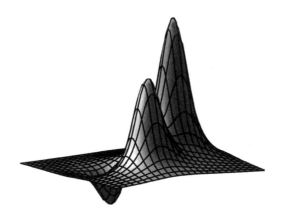

그림 5-4 3차원 지형도는 2차원의 점(x, y)에서 높이를 지정하면 정해진다
이 지형도에는 x 방향과 y 방향의 구배에 해당하는 함수 두 개가 대응한다.

구배가 있으므로 3차원 지형도의 한 점에는 두 가지 값(구배)이 대응한다. 일반화하면, (n+1)차원 지형도의 한 점에는 n 방향의 구배에 해당하는 n 개의 값이 대응한다.

최소작용의 원리

여기서 다시 운동방정식으로 돌아가자. 중요한 것은 '함수란 무수한 숫자의 집합'이라는 약간 추상적인 관점이다. 운동방정식은 $N\{x(t)\}=0$이며, 좌변의 $N\{x(t)\}$는 이 자체가 시간 함수다. 지형도 사례에서 n개 숫자가 구배가 되는 지형도를 생각했던 것처럼, 무한개의 숫자인 어떤 함수

$N\{x(t)\}$가 구배가 될 수 있는 무한 차원인 지형을 만들 수 있을까?

답은 예스(yes)다. 그림 5-5에 그 모습을 그렸다. 상단은 앞 장에서도 등장한 '포텐셜'(위치에너지)이다. 비탈길에 공을 두면 경사가 급할수록 큰 힘이 작용해서 공은 기세 좋게 굴러간다. 포텐셜은 원래 이 사실에서 유추한 것으로, 보존력을 추상적인 '지형의 구배'로 표현하려고 도입한 것이다. 단, 보존력의 방향은 포텐셜 기울기와 반대 부호로 정의한다는 점을 주의하자. 이것은 오르막길(구배가 양수)일 때 뒤 방향(음의 방향)으로 힘이 작용하는 이미지에 부합하게 만들기 위해서다.

이 포텐셜과 $x(t)$의 미분을 포함하는 항을 조합해서 만든 것이 하단에 기술한 $N\{x(t)\}$가 구배가 될 것 같은 지형도의 '높이'를 나타내는 **작용 범함수**다. 뉴턴역학을 어느 정도 배운 적이 있는 사람이라면, 적분 안에 있는 제1항이 운동에너지라는 것을 알아차렸을 것이다. 즉 작용 범함수는 운동에너지에서 포텐셜을 뺀 양('라그랑지안'이라는 이름이 붙어 있음)을 운동이 시작되는 시각 t_0부터 운동이 끝나는 시각 t_1까지 적분한 것이다. 위치 함수 $x(t)$가 정해지면 라그랑지안은 하나로 정해지므로 그것을 적분한 결과는 일반적인 숫자다. 앞서 설명한 지형도는 '장소를 지정하면 높이가 정해진다.'라는 대응을 기반으로 그렸다. 지금 다루는 내용에서는 장소에 해당하는 것이 함수 $x(t)$, 높이에 해당하는 것이 작용 범함수의 값이다. 그리고 미분법을 약간 응용하면, $x(t)$가 운동방정식을 만족할 때 작용값이 최소가 되는 것을 볼 수 있다. 즉 뉴턴역학에서는 **작용 범함수의 값이 최소가 될 수 있는 운동**이 실현된다. (반대로 최솟값이 운동방정식의 해가 되도록 라그랑지안의 형태를 정했다고 해도 괜찮다.)

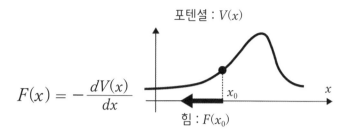

$$F(x) = -\frac{dV(x)}{dx}$$

포텐셜 : $V(x)$

x_0

x

힘 : $F(x_0)$

$$S[x(t)] = \int_{t_0}^{t_1} \left(\frac{m}{2}\left(\frac{dx(t')}{dt'}\right)^2 - V(x(t')) \right) dt'$$

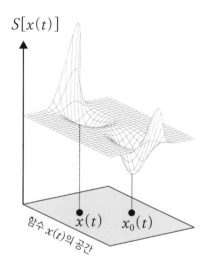

$S[x(t)]$

함수 $x(t)$의 공간

$x(t)$ $x_0(t)$

보존력 $F(x)$는 위치 x의 함수이며, 상단처럼 '포텐셜'이라 부르는 '지형'의 구배로 표현할 수 있다. 하단의 '작용 범함수'는 함수 $x(t)$를 부여하면 값이 정해지는 범함수.(함수의 함수) 아래 그림은 작용 범함수와 위치 함수의 모식도다. 운동방정식을 만족하는 위치 함수 $x_0(t)$에 대해 작용 범함수의 값이 최소가 된다.

그림 5-5 보존력과 포텐셜, 작용 범함수

전통적인 뉴턴역학에서는 운동방정식이 전부다. 운동 상태를 결정할 때도, 에너지 보존 법칙을 유도할 때도, 어떤 논의를 하더라도 운동방정식이 출발점이다. 물론 이것이 틀린 것은 아니다. 하지만 지금 운동방정식에 새로운 시점이 태어났다. '작용 범함수의 최솟값을 주는 조건식'이라는 시점 말이다. 이 시점으로 보면, 운동의 본질은 작용 범함수에 있다고 생각하는 편이 직관적이다. 실제로 작용 범함수를 논의의 출발점으로 두고 **최소작용의 원리, 즉 자연계는 작용 범함수의 값이 최소가 되는 운동을 실현한다**는 지도 원리를 채택하면, 고전역학을 재구성할 수 있다. 이런 고전역학을 '해석역학'이라 부른다. 이 경우, '작용 범함수가 최솟값을 취해야 한다.'라는 원리가 전부이며, 운동방정식은 오히려 이차적인 개념이 된다.

해석역학의 내용 자체는 전통적인 뉴턴역학과 전혀 다르지 않지만, 같은 내용을 다른 시점에서 이해할 수 있게 된 효과는 절대적이다. 실제로 해석역학을 채택하면 역학에 고도의 기하학 시점이 들어오므로, 여러 개념을 단순하면서도 체계적으로 이해할 수 있다. 그러므로 현대에서는 어떤 물리학을 배운다고 해도 해석역학의 시점이 필수다. 예컨대, 앞 장에서 등장한 '해밀토니안'도 원래는 해석역학 용어다. 해석역학의 개념이 고전역학을 넘어 양자를 이해할 때도 도움이 되는 것을 알 수 있다. 그리고 고전물리학의 세계와 양자물리학의 세계를 구분하는 가장 적절한 포인트가 해석역학의 근본 원리인 '최소작용의 원리'에 있다는 것을 알아차린 것이 파인먼이었다.

경로적분 방법

처음에 말한 바와 같이 파인먼의 발상은 '**입자가 모든 경로를 동시에 통과한다.**'라는 것에서 출발한다. 그리고 작용 범함수는 입자의 경로 $x(t)$에 대해 하나의 값 $S[x(t)]$를 정하는 '함수의 함수'이며, 경로마다 다른 값을 가진다. 고전역학에서는 작용 범함수가 최소가 되는 경로만 주목하므로 그 값에 주목할 일이 별로 없지만, 파인먼은 달랐다. 그는 작용 범함수의 값 자체에서 의미를 찾아낸 것이다.

뜬금없다고 생각할 수도 있지만, 입자에는 크기가 1인 복소수가 따라다닌다고 생각하고 이야기를 시작해 보자. 얼핏 추상적으로 생각하는 복소수지만, 2차원 평면을 떠올리면 도형을 연상할 수 있다. 실수부를 x 좌표, 허수부를 y 좌표로 하는 점이 복소수에 대응한다고 생각하면 된다. 즉 $a = \alpha + i\beta$ 이라면, a를 나타내는 점은 (α, β)라는 식으로 생각하는 것이다. 이런 가상적인 평면을 '복소평면'이라 부른다. 복소수 $\alpha + i\beta$ 의 크기는 $\sqrt{\alpha^2 + \beta^2}$ 이므로, 크기가 1인 복소수는 복소평면의 원점을 중심으로 하는 반지름 1인 원주 위에 있다. 파인먼이 생각해낸 아이디어의 골자는 입자가 현실 공간 내의 경로를 따라 움직일 때, 따라다니는 복소수는 복소평면 위의 원주를 빙글빙글 돈다는 것이다.

작용 범함수와의 관계를 이해할 수 있도록 더 구체적으로 서술하겠다. 지금 어떤 시점에서 위치 x_0에 입자가 있고, 시간이 약간 지난 후 위치

x_1로 이동했다고 하자. x_0에서 x_1에 이르는 경로는 무수히 많지만, 그 가운데 하나에만 주목한다. 입자의 경로가 정해지면 작용 범함수 값을 계산할 수 있다는 것은 이미 설명한 대로다. 이때 **입자를 따라다니는 복소수가 원주 위를 이동하는 거리는 작용 범함수와 플랑크 상수의 비율($S[x(t)]/h$)로 주어진다**는 것이 파인먼 가설의 내용이다.

원주 길이는 2π이므로, 작용 범함수 값이 h만큼 증가할 때마다 복소수는 원을 일주한 것이 된다. 그리고 작용 범함수의 값은 평균적으로 경로가 길어지면 커진다. 따라서 어느 정도 시간이 지났을 때, $S[x(t)]$의 값이 큰 경로에는 복소수가 원을 몇 바퀴나 돌고, 반대로 $S[x(t)]$의 값이 작은

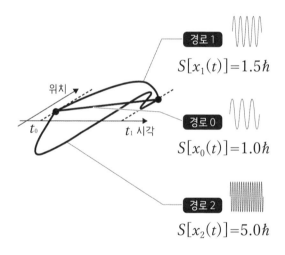

그림 5-6 가능한 경로를 전부 생각하는 경로적분 중에서 세 가지 경로를 추출해서 그린 것

경로 0, 1, 2의 작용 범함수 값을 각각 1.0h, 1.5h, 5.0h라고 하면, 각 경로에 평균적인 진동수가 1.0, 1.5, 5.0에 비례하는 복소 진동이 따라온다. 이 진동을 모든 경로에 관해 더하면, 행렬역학이나 파동역학과 같은 결과를 얻을 수 있다.

경로에서는 조금밖에 돌지 않는다. 원운동을 일종의 진동으로 간주하면, 작용 범함수 값이 큰 경로에서는 고속으로 진동하는 복소수, 반대로 값이 작은 경로에서는 느긋하게 진동하는 복소수가 따라다닌다는 것이다.그림 **5-6**

지금은 가능한 모든 경로가 실현돼 있다고 생각하므로, 어떤 위치에 도달한 입자에는 모든 경로를 통과하며 변화해 온 무수한 복소수가 동시에 중첩하고 있다. 그리고 놀랍게도 그 값을 모두 더해서 얻은 복소수의 절댓값 제곱이 행렬역학과 파동역학을 사용해서 계산한 '양자가 그 장소에 도달할 확률'과 완전하게 일치한다! (증명은 전문서에 양보한다.)

이처럼 행렬의 운동을 생각하지 않고, 상태 벡터의 운동도 생각하지 않으며, 그 장소에 이르는 모든 경로를 생각해 각 경로에서 따라다니는 복소수를 전부 더해서 양자역학의 목적을 달성하는 것이 경로적분법이라는 처방전이다. 얼핏 보기에 행렬역학이나 파동역학과는 전혀 비슷하지 않은 방법이지만, 이 방법이 행렬역학이나 파동역학과 같은 결론을 끌어내는 이상, 이 역시 훌륭한 양자역학이다.

현실 세계는 간섭이 결정한다

경로적분을 알면 양자 세계는 단숨에 색을 띠게 된다. 우선 재미있게도 양자의 존재 확률을 올바르게 계산하려면, 생각할 수 있는 모든 경로가

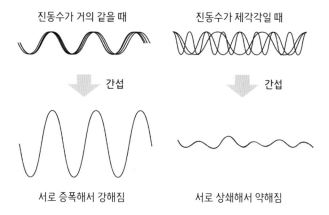

그림 5-7 강해지는 파동과 약해지는 파동
진동수가 거의 같은 파동이 중첩하면 서로 증폭해서 강해지는데(왼쪽), 진동수가 제각각
인 파동이 중첩하면 서로 상쇄해서 파동이 약해진다.(오른쪽)

힘을 보태야 할 것이다. '검지 위에서 달까지 갔다가 책상으로 돌아온다.'
라는 얼핏 바보스러운 입자 경로조차 현실을 설명하려면 필요하고, 상황
에 따라서는 그 경로를 통과하는 입자가 실제로 측정될 수도 있다. 양자물
리학 세계에서는 고전물리학 세계와 달리, 실현 가능한 온갖 상태가 현실
에 힘을 보태고 있다.

　　다만 무수한 경로 전부가 같은 비율로 현실에 힘을 보태는 것이 아니
라, 경로마다 '실현되기 쉬운 정도'가 다르다. 이것을 이해하는 데 필요한
포인트는 두 가지다. 첫 번째는 '경로를 하나 꺼낸다.'라고는 해도 그 주위
에 형태가 약간 다른 무수한 경로가 있다는 것, 두 번째는 그들 무수한 '경
로 집합'들에는 작용 범함수의 값(과 플랑크 상수의 비)으로 진동하는 복
소수 파동이 따라다닌다는 것이다.

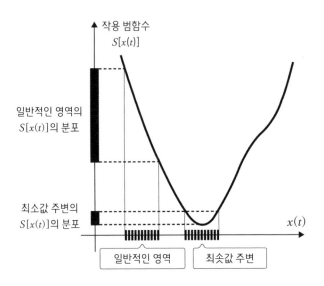

그림 5-8 영역별 작용 범함수 값의 차이

작용 범함수의 최솟값 주변에서는 작용 변화가 작으므로 그 값의 분포도 작다. 일반적인 영역에서는 $x(t)$가 조금만 변해도 작용 범함수 값이 크게 변하므로 값이 넓은 범위에 분포한다.

만일 경로 집합을 구성하는 경로가 같은 작용 범함수 값을 가진다면, 같은 형태로 진동하는 파동이 대량으로 중첩해서 그림 5-7의 왼쪽처럼 진동이 증폭된다. 이 경우, 이 경로는 매우 큰 비율로 현실에 힘을 보탠다. 반대로 경로 집합을 구성하는 경로가 폭넓은 작용 범함수 값을 가진다고 하면, 다양한 진동수를 지닌 파동이 중첩해서 그림 5-7의 오른쪽과 같이 전체적으로 약해져 버린다. 이 경우, 경로는 현실에 거의 힘을 보태지 못한다. '**현실에 대한 공헌도**'는 간섭으로 정해지는 것이다.

그렇다면 경로 집합을 구성하는 경로들이 같은 작용 범함수 값을 가지는 것은 어떤 경우일까? 그림 5-8을 보자. 세로축이 작용 범함수 $S[x(t)]$의 값이고, 가로축은 함수 $x(t)$를 하나의 축으로 표현한 것이다. 작용의 최솟값 주변에서 경로 $x(t)$가 변화했다고 해도 작용은 그다지 크게 변하지 않는다. 이것은 최솟값 주변에서 작용 범함수 값의 변화가 완만하기 때문이다. 그런데 그 외의 위치에서 경로가 변화하면 작용 값은 크게 달라진다. 이것은 최솟값 이외의 위치에서 작용 범함수 값이 급격하게 변하기 때문이다. 일반적으로 이런 경향은 작용 범함수의 최솟값을 제공하는 경로에서 멀어질수록 두드러진다.

즉 앞의 논의와 함께 생각하면, 작용 범함수의 값이 최소가 되는 경로 주변에서는 경로마다 따라다니는 복소 진동이 증폭되고, 반대로 작용 범함수 값이 크게 변하는 경로 주변에서는 서로 상쇄해서 약해진다. 복소 진동의 진폭은 그 경로가 실현될 확률에 대응한다는 것을 생각하면, **양자 세계에서는 작용 범함수의 최솟값 주변 경로가 실현될 확률이 높고, 그 밖의 경로는 낮은 확률로 실현되는 것이다.** 이것이야말로 경로적분 관점에서 볼 수 있는 양자의 모습이다.

양자역학은 '느슨한' 고전역학

이런 견해는 익숙한 고전역학과 미심쩍은 양자역학 사이에 다리를 놓아준다. 고전역학은 '작용 범함수 값이 최소가 되는 운동이 실현된다.'라고 생각한다. 이런 시스템에서는 '최소작용의 원리'가 철칙이다. 가능성이라는 의미에서 무수한 입자 경로 중에서 허용되는 것은 작용 범함수의 값이 최소가 되는 하나뿐이다. 그 외의 경로는 장난삼아 원자 한 개 크기만큼 어긋나게 해놓은 경로도 포함해서 완전히 아웃이다. 고전역학이란 어떤 의미에서는 눈곱만큼의 장난도 허용하지 않는 딱딱한 시스템이다.

이에 비해 양자역학은 느슨하다. 작용 범함수가 최소가 되는 경로는 확실히 가장 실현되기 쉬운 경로지만, 거기에서 조금 벗어난 경로도 충분히 현실적이다. 그런 느슨한 정도를 결정하는 것이 플랑크 상수다. 경로적분에서는 작용 범함수의 값이 플랑크 상수만큼 변하면 따라다니는 복소수가 원을 일주했다. 즉 작용 범함수의 값이 최솟값에서 플랑크 상수 정도 어긋나면, 따라다니는 복소 진동의 진동수가 크게 달라져서 서로 상쇄가 일어나 실현 확률이 낮아진다. 반대로 작용 범함수의 최솟값에서 플랑크 상수 정도의 폭에 수렴해 있는 경로라면, 어느 것이 실현돼도 이상하지 않을 정도로 진동이 강화돼 있다. **양자역학은 플랑크 상수 크기만큼 느슨한 고전역학**이라고 불러야 할 시스템이다.

반대로 **고전역학은 플랑크 상수가 제로인 양자역학**이라고 할 수 있다. 실제로 플랑크 상수가 제로라면, 허용되는 경로의 폭도 제로가 되므로 양자역학의 예측은 고전역학과 완전히 같아진다. 이것을 이해하면 우리 주변에 있는 물체의 운동을 고전역학으로 충분하게 이해할 수 있는 이유를 알 수 있다. 바로 말하면, 플랑크 상수는 일상의 스케일에 비하면 지나치게 작다. 사실 플랑크 상수의 크기는 약 $6.6 \times 10^{-34} \text{J} \cdot \text{S}$다. 이것은 6.6의 1조분의 1의, 1조분의 1의, 100억분의 1이라고 하는 터무니없이 작은 값이다. 이에 비해 우리가 일상적으로 보는 에너지는 대략 1J 정도이고, 운동 지속 시간은 대략 1초 정도니까, 플랑크 상수는 일상적인 스케일과 비교하면 서른네 자릿수나 작은 값이다.

물론 엄밀히 말하면 제로는 아니다. 예를 들어 $1\mu m$는 우리가 보기에 거의 길이가 제로라고 해도 지장이 없지만, 이것은 일상적인 스케일인 1m 와 비교해서 불과 여섯 자릿수가 작을 뿐이다. 이런 감각을 적용하면, 일상보다 서른네 자릿수나 작은 플랑크 상수는 제로라고 간주해도 전혀 지장이 없다. 그렇다면 설령 양자역학이 올바른 체계라고 알더라도 작용 범함수 값의 폭이 최솟값 주위에서 플랑크 상수 크기 안에 수렴하는 경로는 (지나치게 특수한 상황이 아니라면) 실질적으로 하나밖에 없다고 말해도 된다. 이것은 틀림없는 고전역학이다. 우리가 양자역학보다 먼저 고전역학에 도달한 것은 필연이었다.

사족이지만, 작용 범함수 값의 폭이 최솟값 부근에서 플랑크 상수 크기 안에 수렴하는 경로가 일상적인 스케일까지 퍼지는 '상당히 특수한 상황'이 실현되면, 양자 현상은 우리 일상에 모습을 드러낸다. 자세한 설명은 생략하지만, 예를 들어서 극저온에서 일어나는 초전도 현상이 눈에 보이는 것은 이런 이유 때문이다.

양자역학의 풍경

어떤가? 이번 장을 읽기 전에는 양자역학이라고 하면 행렬역학을 지칭했다. 물론 행렬역학만 알고 있으면 온갖 양자 현상을 올바르게 계산할 수 있으므로 틀린 것은 아니다. 하지만 우리는 지금 양자역학에 여러 모습이 있다는 사실을 알았다. 행렬로 표시한 위치와 운동량이 변화하는 행렬역학, 상태 벡터가 파동처럼 전파되는 파동역학, 입자 한 개가 가능한 모든 경로를 동시에 통과하는 경로적분. 이 외에도 입자가 노이즈 속을 통과한다고 생각하는 확률과정 양자화, 파일럿 파 이론 등 다양한 양자역학이 제안됐다.

파일럿 파 이론은 조금 특이한 이론으로 입자보다 먼저 '양자화 포텐셜'이라 부르는 마루와 골이 있는 복잡한 포텐셜을 형성해서, 그 포텐셜 속을 입자 하나가 완전히 정해진 경로를 따라 운동한다고 생각한다. 아마 아직 아무도 생각하지 못한 양자역학도 많이 잠들어 있을 것이다.

비유하자면, 이것들은 모두 '양자역학'이라는 산을 다른 위치에서 바라볼 때 보이는 풍경이다. **그림 5-9 양자의 운동이란 행렬의 운동이며, 파동함수의 운동이며, 가능한 모든 경로를 통과하는 입자의 운동이지만, 그 어느 것도 아니다.** 마치 선문답 같지만, 여기까지 읽은 여러분이라면 필자가 무슨 말을 하고 싶은지 의미를 파악했으리라 생각한다.

양자역학은 오감과 직접적으로 대응하지 않으며, 직감적인 이해가 미

그림 5-9 양자역학의 풍경

치지도 못한다. 그래서 다각적인 시점이 필요하다. 아마 이것은 매사를 이해하는 일 전반에도 통하는 말일 것이다. 우리가 이해했다고 생각하고 바라보는 이 세계도 어느 한 조각만 떼서 보면, 아마 어느 것도 세계 그 자체는 아닐 것이다. 양자와 마주하는 경험은 이런 당연한 사실을 새삼 깨닫게 해준다.

자, 우리는 지금 양자를 이야기하는 데 필요한 언어를 충분히 손에 넣었다. 제3장에서는 '파동과 입자의 이중성'이라는 단서만을 사용해서 주변에 언뜻 보이는 양자의 모습을 부각했고, 지금은 그때와 비교해서 하늘과 땅만큼의 차이가 있을 정도로 장비를 갖췄다. 다음 장에서는 새로운 장비를 손에 들고, 물질이 만들어내는 이 세계를 양자의 눈으로 바라보자.

제6장

양자가 만들어내는 물질세계

"우리가 보고 있는 자연은 진정한 자연의 모습 그대로가 아니다."

- 베르너 하이젠베르크

이 세상의 형태를 만드는 것은 궁극적으로 '입자' 또는 어떤 매질이 흔들려서 움직이는 '파동'이다. 이것은 우리가 자연계를 소박하게 바라보면 지극히 당연하게 도달하는 결론이지만, 제2장과 제3장에서 본 대로 주의 깊게 바라보면 사실 틀리다. 평범하게 파동으로만 생각했던 빛이 입자의 모습을 띠지 않는다면 밤하늘에 이만큼 별이 보이지 않을 것이고, 평범하게 입자라고 생각했던 전자가 파동성을 띠지 않는다면 원자는 금방 붕괴해 버릴 것이다. 이 세상은 애초에 양자로 이뤄져 있으므로, 입자나 파동이라는 개념 자체가 일상생활 속에서 길러진 근사적인 개념일 뿐인 것이다. 제4장과 제5장에서는 고전적인 직감이 미치지 못하는 양자역학의 모습을 바라봤다. 빛과 물질 모두 본래의 움직임은 양자물리학의 지배를 받고 있다.

빛과 물질이라는 겉보기엔 전혀 다른 존재가 '양자'라는 같은 뿌리를 가진다는 것은 매력적인 이야기지만, 여기서 소박한 의문이 생긴다. 같은 양자인데 왜 물질은 입자, 빛은 파동으로 보일까?

물질을 점점 잘게 쪼개면 최종적으로 한 개나 두 개로 헤아릴 수 있는 입자에 도달한다는 것은 직감적으로도 알 수 있지만, 물질의 파동성을 보려면 간접적인 증거에 의지하거나 주의 깊은 실험을 통해 간섭 현상을 관찰해야만 한다. 한편 빛은 일상에서도 간섭 현상을 볼 수 있으므로 파동성을 쉽게 알 수 있지만, 입자성을 보려면 주의 깊은 실험이나 고찰이 필요하다. 모두 파동성과 입자성을 함께 지니는 양자이지만, 물질은 입자처럼 빛은 파동처럼 보인다. 그래서 고전물리학은 물질을 입자, 빛을 파동으로 간주해서 발전했고, 빛의 입자성을 발견한 아인슈타인과 전자의 파동성을 발견한 드브로이가 각각 노벨상을 받은 것이다.

결론부터 말하면, 존재가 입자처럼 보이는지 파동처럼 보이는지는 양자가 지니는 여러 특성이 조합돼 생겨나는 부수적인 문제이며, 본질은 그 '특성'에 있다. 그중에서도 특히 중요한 것은 여러 양자가 보여주는 상태 벡터 패턴의 차이다. 이 차이야말로 우리를 둘러싼 물질 세상의 모습을 결정하는 열쇠라고 해도 과언은 아니다. 여기서는 그 모습을 살펴보자.

기본 입자는 궁극적인 몰개성
양자를 구별할 수 없다

뜬금없지만, 한가운데에 낮은 칸막이가 설치된 상자가 있다고 하자. 거기에 공을 두 개 넣고 뚜껑을 닫고 흔든다. 칸막이가 낮으니까 흔드는 동안에 나뉜 두 공간을 공이 자유롭게 오간다고 하자. 충분하게 흔든 후에 상자를 두고 뚜껑을 열었을 때, 왼쪽 공간에 든 공의 개수를 맞히면 상금을 받는다. 몇 개에 거는 것이 좋을까?

이것은 확률 문제다. 두 공을 A, B라 부르기로 하자. 왼쪽에 공 A, 오른쪽에 공 B가 든 상태를 (A, B), 왼쪽에 두 공이 든 상태를 (AB, 0)으로 기술하기로 하면, 경우의 수는 (AB, 0), (A, B), (B, A), (0, AB) 네 가지다. 왼쪽 공간에 공이 없는 경우 한 가지, 한 개인 경우 두 가지, 두 개인 경우 한 가지이므로, 왼쪽 공간에 0개 또는 두 개의 공이 들었을 확률은 각각 1/4, 한 개가 들었을 확률은 1/2이다. 상금을 받고 싶으면 망설이지 말고 한 개에 걸어야 한다.

방금 고찰한 사례에서 가장 중요한 점은 **원칙적으로 두 공을 구별할 수 있다**는 사실을 암묵적으로 가정한 것이다. 이것은 원래 지적할 필요도 없는 대전제다. 예를 들어서 공 한 개를 아무렇지도 않게 집어 들어서 원래대로 돌려놓고 한 번 더 공을 들어 올린다면, 그 공이 좀 전에 들어 올린 공인지 다른 공인지는 설령 겉보기에 구별할 수 없다고 해도 정해져 있다. 그러므로 두 공에 A, B라는 이름을 붙일 수 있었다. 왼쪽 공간에 공이 한 개 있을 확률이 1/2인 것은 오로지 공을 구별할 수 있기 때문이다.

일반적인 공이라면 불가능하겠지만, 만일 두 공이 **원칙적으로 구별할 수 없는 존재**라면 어떨까? 이런 상황에서 왼쪽과 오른쪽 공간에 공 한 개씩 들어 있다고 하면, 두 공은 구별할 수 없으므로 좌우 공간을 바꿔도 같은 상태라 할 수 있다. 왼쪽에 공 두 개가 들어 있는 상태를 (2, 0)으로 나타낸다면, 공이 들어 있는 패턴은 (2, 0), (1, 1), (0, 2) 이렇게 세 가지다.

이 경우에는 왼쪽 공간에 들어 있는 공이 두 개든 한 개든 들어 있지 않든, 각각 실현될 확률은 1/3로 같다. 그러므로 0에서 2까지 몇 개에 걸더라도 1/3 확률로 상금을 받을 수 있다. **공을 구별할 수 있는 때와 할 수 없는 때에 따라 실현될 상태의 확률이 달라지는 것이다.**

왜 이런 이야기를 했냐면, 여기서 소개한 확률의 차이가 양자의 놀라운 특성을 보여주기 때문이다. 대표적인 양자로 광자 두 개를 생각해 보자. 광자를 집을 수 있는 핀셋을 사용해서 광자 한 개를 집어 원래대로 돌려놓는다고 하자. 그 후 한 번 더 광자를 집었다고 하자. 지금 집은 광자는 조금 전에 집었던 광자일까? 아니면 다른 광자일까?

만일 광자가 고전적인 공과 같은 존재라면, 집어올린 광자가 다른 광자와 아무리 닮았어도 원칙적으로는 구별할 수 있을 것이다. 또는 집어올린 광자에 표시가 있다고 생각해도 좋다. 하지만 지금 상대는 공이 아닌 광자다. 야구공이라면 아무리 정교하게 만들어도 질량이나 미세한 흠집 패턴 등 무수한 개성이 있어서 어떻게든 구별할 수 있지만, 광자는 그렇지 않다. 광자의 특징은 전하와 질량이 제로이고, 아직 설명하지는 않았지만 '스핀'이라 부르는 양이 있다는 점뿐이다. 광자의 특징이라 할 수 있는 라벨은 이렇게 세 가지밖에 없다. 광자는 무서울 정도로 단순하다. 그런데도 두 광자를 구별할 수 있을까?

이런 종류의 문제를 '구별할 수 있을 것이다, 아니 구별할 수 없을 것이다.'라는 식으로 관념적으로 이래저래 이야기해도 어쩔 수 없다. 필요한 것은 두 광자를 구별할 수 있을지 없을지를 확인하는 실험이다. 그리고 우리는 지금, 이 두 개를 판정할 수 있는 아이디어가 있다. 광자를 넣어둘 수 있고, 내부가 둘로 나뉜 상자를 준비한다. 거기에 광자 두 개를 집어넣은 후, 왼쪽 공간에 들어 있는 광자 개수를 확인하는 실험을 여러 번 반복한다고 하자. 만일 광자를 구별할 수 있다면, 왼쪽 공간에서 광자 한 개를 확인할 빈도는 0개와 2개일 때의 두 배가 될 것이고, 만일 광자를 구별할 수 없다면 0개, 1개, 2개 모두 같은 빈도로 관측할 수 있을 것이다.

물론 정말로 광자가 들어갈 상자를 준비하는 것은 어려우므로 실험 프로세스가 조금 복잡하지만, 본질적으로 같은 실험을 실제로 했다. 놀랍게도 왼쪽 공간에서 발견되는 광자 개수가 0개, 1개, 2개인 상황이 같은 비율로 일어나는 것을 알게 되었다. 이것은 **두 광자를 진정한 의미에서 구별할 수 없다**는 것을 의미한다.

참고로 이 특성은 광자만이 아니라, 온갖 양자에 해당한다. 즉 **같은 라벨을 가진 양자를 서로 구별할 수 없다**는 것이다. 특히 광자와 전자가 대표하는 '기본 입자'라 부르는 양자를 구별하는 라벨은 질량, 전하, 스핀 등 고작 몇 가지에 불과해서, 각 기본 입자는 그런 라벨 외에는 개성이라는 것이 전혀 없다. 간단히 말하면 기본 입자는 궁극적으로 몰개성한 존재인 것이다.

이 같은 사실은 직감과 완전히 상반된다. 왜냐하면 '양자가 두 개 있다.'라고 들으면, 누구나가 '작은 공 두 개가 나란히 있다.'라는 이미지를 상상하지만, 이런 이미지는 현실을 정확하게 나타내지 못한다. 아마도 '양자 두 개'를 일반적인 의미에서 그림으로 표현하는 것은 불가능하다. 굳이 말하자면 '전광게시판의 두 점이 빛나는 것과 같은 것'이라 비유할 수 있겠지만, 이것도 어차피 비유에 불과하다. 이런 상태를 정확하게 표현하려면,

현재로서는 수학적인 표현에 의존할 수밖에 없다. 반면, 그런 수학적 표현을 접하는 동안 서서히 '양자가 두 개 있다.'라는 상황을 직감적으로 받아들이게 된다. 이것 역시 양자를 관측하는 새로운 '눈'이다.

양자가 두 개 있으면?

여기서 양자 상태는 '상태 벡터'로 표현한다는 사실을 떠올려보자. 위치 x와 y에 양자가 하나씩 있는 상황을 나타내는 상태 벡터는 이제까지의 표기법이라면 $\vec{\psi}_{xy}$라고 표기해야겠지만, 지금 중요한 것은 '양자가 x와 y에 있다.'라는 정보다. 그러므로 그 정보를 보기 쉽게 표기하기 위해 $|x, y\rangle$라고 표기하기로 하자.[1] 이것은 어떤 벡터일까?

우선 x에 있는 양자와 y에 있는 양자는 구별할 수 없으므로, 이것들을 바꿔도 같은 양자 상태여야 한다. '그렇다면 $|x, y\rangle = |y, x\rangle$이군.'이라고 생각한 독자는 감이 좋은 분이다. 하지만 한 가지 빠트린 것이 있다. 그것은 양자역학에서는 물리량의 기댓값밖에 예측할 수 없다는 점이다.

제4장의 내용을 떠올린다면 상태 벡터를 $\vec{\psi}$라고 했을 때, 행렬 $\hat{A}$으로 나타내는 물리량의 기댓값은 $\vec{\psi}^{\dagger}\hat{A}\vec{\psi}$로 주어졌다. 이 계산 결과가 양자역학

---

1 참고로 이 표기법은 '디랙의 브라켓 기호'라고 부르며, 벡터를 표현하는 데 매우 편리하다. 상세한 내용은 부록을 참조하길 바란다.

의 예측 전부다. 거꾸로 말하자면, 이것과 같은 결과를 주는 상태 벡터는 같은 양자 상태를 나타낸다고 할 수 있다.

내적 $\vec{\psi}^{\dagger}\hat{A}\vec{\psi}$ 안에는 상태 벡터 $\vec{\psi}$와 그 켤레복소수(에르미트 켤레) $\vec{\psi}^{\dagger}$가 함께 들어 있음을 주의하자. 상태 벡터 $\vec{\psi}$에 크기가 1인 복소수 a를 곱한 벡터 $a\vec{\psi}$의 켤레복소수는 $a^*\vec{\psi}^{\dagger}$이므로, $a\vec{\psi}$를 사용해서 계산한 평균값은 $(a^*\vec{\psi}^{\dagger})\hat{A}(a\vec{\psi}) = |a|^2\vec{\psi}^{\dagger}\hat{A}\vec{\psi} = \vec{\psi}^{\dagger}\hat{A}\vec{\psi}$처럼 원래의 기댓값과 완전히 같다.($a$는 크기가 1인 복소수이므로 $|a|^2 = 1$임을 주의하자.) 즉 $\vec{\psi}$와 $a\vec{\psi}$가 같은 양자 상태를 나타내는 상태 벡터라는 것이다.

$|x, y\rangle$의 이야기로 돌아가자. 지금 서술한 대로 위치를 바꾼 상태 벡터 $|y, x\rangle$가 원래 양자 상태와 같다고 해서 $|y, x\rangle$와 $|x, y\rangle$가 완전히 일치할 필요는 없다. $|y, x\rangle = a|x, y\rangle$처럼 크기가 1인 복소수 배만큼 변화해도 상관없다.

그렇다고 해도 아무 상수 a라도 괜찮은 것은 아니다. 포인트는 '바꿔 놓기'를 두 번 반복하면 원래 자리로 돌아오는 것이다. $|y, x\rangle = a|x, y\rangle$라고 했을 때, 양변의 x와 y를 한 번 더 바꾼다면, $|x, y\rangle = a|y, x\rangle$가 된다. 이 식의 우변에 원래의 식 $|y, x\rangle = a|x, y\rangle$를 대입하면, $|x, y\rangle = a^2|x, y\rangle$가 된다. 이 식이 성립하려면 $a^2 = 1$이어야만 한다. 제곱해서 1이 되는 복소수는 1과 -1뿐이므로, '양자가 x와 y에 하나씩 있는 상태'를 나타내는 상태 벡터는 $|y, x\rangle = |x, y\rangle$처럼 x와 y를 바꾸면 완전히 원래대로 돌아가는 것($a=1$)이나, $|y, x\rangle = -|x, y\rangle$처럼 바꾸면 부호가 반전하는 것($a=-1$) 이렇게 두 가지 가운데 하나다. 이후로는 전자와 같은 상태를 $|x, y\rangle_{대칭}$, 후자와 같은 상태를 $|x, y\rangle_{반대칭}$로 기술한다.

페르미온과 보손

이런 차이를 별것 아니라고 생각할 수도 있지만, 절대 그렇지 않다. 나중에 보겠지만, 이 차이가 세상의 모습에 그대로 나타난다. 만일 어떤 두 양자가 $|y, x\rangle_{반대칭} = -|x, y\rangle_{반대칭}$를 성립시킨다고 하자. 이때 x와 y가 다른 값이라면 괜찮지만 $x=y$, 즉 두 양자가 같은 위치에 있다면 어떻게 될까?

당연히 $|x, x\rangle_{반대칭} = -|x, x\rangle_{반대칭}$이므로, $|x, x\rangle_{반대칭} = 0$이 돼버린다. 상태 벡터가 제로라는 것은 그런 상태가 존재하지 않는다는 의미다. **위치 바꾸기에 대해 상태 벡터의 부호를 바꾸는 양자는 같은 위치에 동시에 존재할 수 없는 것이다.** 이것을 '파울리 배타 원리'라고 부르고, 이렇게 위치를 바꾸면 상태 벡터의 부호가 반전하는 양자를 '페르미온'이라 부른다.

한편 어떤 양자가 $|y, x\rangle_{대칭} = |x, y\rangle_{대칭}$를 성립시키는 상태로 표현된다고 하자. 이 경우, $|x, x\rangle_{대칭}$가 제로가 될 이유는 없으므로 일반적으로 $|x, x\rangle_{대칭}$는 제로가 아닌 값을 가진다. 즉 페르미온과 달리 두 양자가 아무런 문제 없이 같은 곳에 존재할 수 있다. 이처럼 위치를 바꾸면 상태 벡터 그 자체가 원래대로 돌아오는 양자를 '보손'이라 부른다.

예를 들어서 전자는 페르미온이다. 뒤에서 볼 내용을 조금만 소개하면, 일반적인 물질이 입자처럼 행동하는 것은 페르미온이기 때문이다. 이것을 제대로 설명하려면 좀 준비가 필요하므로 여기서 깊이 들어가지는 않지만, 하나만 말하자면 전자가 페르미온이라고 해서 전자 그 자체가 항상 입자처럼 보이는 것은 아니라는 점을 주의하자. 실제로 이미 본 것과 같이 전자는 상황에 따라 입자나 파동으로 보인다. 페르미온 성질과 보손 성질은 두 양자 사이의 관계로 정해지므로, 한 양자가 입자나 파동처럼 보이는 것은 별로 관계없다.

참고로 전자만이 아니라, 원자핵을 구성하는 양성자와 중성자도 페르미온이다. 양성자와 중성자는 '쿼크'라고 부르는 기본 입자가 세 개 모여서 만들어졌는데, 이런 쿼크도 페르미온이다. 이처럼 이야기를 기본 입자로 한정하면, 물질을 구성하는 골격인 양자는 페르미온이다.

한편, 광자는 보손이다. 예를 들어서 레이저 광선은 광자가 같은 곳에 대량으로 모인 것이다. 광자 한 개가 지닌 에너지는 매우 작으므로, 많은 광자가 모이면 그곳의 에너지는 마치 연속적으로 변하는 것처럼 보인다. 물은 실제로 물 분자라는 알갱이로 이루어져 있는데도 많이 모이면 매끄러운 흐름으로 보이는 것과 마찬가지다. 이런 상황에서는 마치 연속적인 에너지가 공간에 분포한 것처럼 보이므로, 레이저 광선은 전체가 파동처럼 행동하는 것이다. 이 경우도 광자 한 개가 항상 파동처럼 행동하는 것은 아니라는 점을 주의하자.

보손은 광자 외에도 있다. 사실은 물질이 지금 형태를 유지하는 것은 여러 보손이 숨은 실력자 같은 역할을 한 덕분이다. 양성자와 중성자는 쿼크가 세 개 모여서 만들어졌다고 했는데, 아무것도 하지 않아도 쿼크가 모이는 것은 아니다. 실제로는 쿼크 주위에 '접착제' 역할을 하는 보손이 무수히 있고, 그 보손을 공유해서 쿼크가 결합하는 것이다. 쿼크를 결합하는 보손의 이름은 직설적으로 '글루온'(한국식 명칭: 접착자)이다. 양성자와 중성자가 존재할 수 있는 것은 보손인 글루온이 쿼크 사이를 채운 덕분이다.

참고로 전자끼리 반발하거나 전자가 원자핵에 이끌리는 것은 전자와 원자핵 사이에 전자기력이 작용하기 때문이지만, 이때 '접착제' 역할을 하는 것이 광자다. 이것은 전자기력이 전기장과 자기장을 매개로 하는 힘이며, 빛은 전기장과 자기장의 파동인 것을 생각하면 저절로 이해할 수 있다. 쿼크가 접착자에 둘러싸여 있는 것처럼, 전하를 지닌 전자와 원자핵은 광자로 둘러싸여 있고, 그 광자를 공유한 덕분에 전자기력이 작용하는 것이다. 기본 입자 세계에서는 보손이 힘의 매개체 역할을 한다.[2]

스핀
양자의 회전

적당한 타이밍이므로, 앞서 이름만 등장했던 스핀을 여기서 설명하겠다. 줄곧 봐온 것처럼 양자역학의 가장 큰 특징은 물리량을 일반적인 숫자가 아니라 행렬로 나타낸다는 것이다. 회전의 기세를 나타내는 '각운동량'도 엄연한 물리량이다.

질량과 속도의 곱으로 정의하는 '운동량'은 말하자면, 물체가 진행 방

---

2 질량의 기원으로 알려진 힉스 입자도 보손이므로, 모든 보손이 힘을 전달하는 것은 아니다.

향을 향해 지니는 기세다. 실제로 무겁고 빠른 물체일수록 멈추기 힘든 법이다. 각운동량은 회전운동의 운동량에 해당하며, 어떤 축 주위로 회전하는 물체의 각운동량은 회전축으로부터의 거리[m]와 물체의 질량[kg]과 축에 수직인 방향으로의 속도[m/s]의 곱으로 정의한다.

이것이 회전의 기세를 나타내는 것은 돌고 있는 팽이를 떠올려보면 이해할 수 있다. 빨리 도는 팽이와 천천히 도는 팽이 가운데 어느 쪽이 멈추기 어려울까를 생각해 보면, 물론 빨리 도는 팽이 쪽일 것이다. 같은 회전수로 돌고 있다고 해도 무거운 팽이는 멈추기 힘들고, 회전 반지름이 큰 팽이 역시 멈춰 세우기 힘든 법이다. 회전축으로부터의 거리, 물체의 질량, 축에 수직인 방향으로의 속도 모두가 '회전의 기세'에 이바지함을 알 수 있다. 그러므로 각운동량의 단위는 $kg \cdot m^2/s$이다.

이 단위, 어디선가 본 적이 없을까? 불확정성 관계 '위치의 불확정성과 운동량의 불확정성의 곱이 플랑크 상수 이상이 된다.'(103쪽)를 떠올려보자. 위치의 단위는 m, 운동량의 단위는 $kg \cdot m/s$이다. '이들 불확정성의 곱이 플랑크 상수 이상이 된다.'라는 말은 플랑크 상수의 단위는 위치와 운동량의 곱인 $kg \cdot m^2/s$이어야만 함을 뜻한다. 이것은 각운동량의 단위와 같다. 즉 **플랑크 상수는 각운동량의 단위를 가진다.**

이런 사실로부터 양자 세계에서는 **각운동량이 연속적으로 존재하지 않으며, 플랑크 상수 단위로 띄엄띄엄 변화할 수밖에 없을 것**이라고 예상할 수 있다. 이것은 플랑크 상수가 말 그대로 상수이기 때문이다. 광자 에너지가 플랑크 상수에 비례하는 것에서도 알 수 있듯이, 이 우주에서 플랑크 상수는 특별한 값이다. 이 우주에 존재하는 온갖 전하가 $1.6 \times 10^{-19}C$를 단위로 한 정수배가 되는 것처럼, 우주가 정한 상수가 그 개념의 '단위'가 됐다고 생각하는 것은 자연스럽다. 그리고 이 예상은 적중했고, 각운동량을 나타내는 행렬을 구성해서 수학적으로 확인할 수도 있다. **플랑크 상수는 각운동량 변화의 단위**인 것이다. 이를 '각운동량이 양자화됐다.'라는 식으로 표현한다. (단어를 약간 남용하는 것 같긴 하다.)

여기서 퀴즈 하나. 이 우주에서 가장 작은 (제로가 아닌) 각운동량의 크기는 얼마일까? 힌트는 각운동량이 플랑크 상수 단위로만 변화할 수 있다는 것이다. '$\hbar$ 아닐까?'라고 생각했다면 아깝! 왜냐하면, $\hbar$는 이 세상에서 두 번째로 작은 각운동량이기 때문이다. 포인트는 회전에 방향이 있으므로, 각운동량에 마이너스도 존재한다는 점이다. 만일 $\hbar$라는 값의 운동량이 있다면, $-\hbar$라는 운동량도 있어야만 한다. 그 차이는 $2\hbar$이므로, 허용된 단위의 두 배다. 약간 불필요한 부분이 있다.

알아차렸는가? 가장 작은 각운동량은 $\hbar/2$다. 이 경우, 회전 방향이 반대가 되면 각운동량은 $-\hbar/2$가 되고, 그 차이는 정확하게 $\hbar$다. 크기가 같은 플러스마이너스의 값을 가지며, 그 차이가 정확하게 $\hbar$가 되는 값은 이것밖에 없다. 이렇게 '최대 각운동량이 $\hbar/2$'인 양자는 '스핀 1/2을 지닌다.'라고 한다. 마찬가지로 최대 각운동량이 $\hbar$라면 '스핀 1'이다.

스핀 1/2인 양자는 회전 방향에 따라 $+\hbar/2$인 각운동량을 가지는 상태와 $-\hbar/2$인 각운동량을 가지는 상태 이렇게 두 가지 회전 상태가 있다. 전통적으로 전자를 '상향 스핀', 후자를 '하향 스핀'이라 부르는 관습이 있다. 스핀 1/2일 때에만 적용하는 특별한 명칭이다. 앞에서 설명 없이 '전자는 스핀을 가진다.'라고 말한 것은 이것을 의미한다. 전자는 스핀이 1/2

로 각운동량이 이 세상에서 가장 작은 양자이므로, 그 회전 방향은 '상향' 과 '하향' 두 종류가 있다.

　참고로 이것 역시 관습이지만, 스핀 1인 (질량 제로인) 양자에 관해서는 '스핀'이라 하지 않고 '편광'이라 부르는 경우가 많다. 각운동량이 $\hbar$인 상태를 '좌회전 편광', $-\hbar$인 상태를 '우회전 편광'이라 부른다. 광자는 스핀이 1이므로 빛의 특성을 나타내는 용어를 질량이 제로이고 스핀이 1인 모든 양자에 적용하는 것인데, 전통이라고 양해해 주길 바란다.

　사족이지만, 이 설명으로부터 이 세상에는 $\hbar$의 정수배이거나 정수배의 절반인 각운동량밖에 존재하지 않는 것을 알 수 있다. 그렇지 않다면, 플러스 각운동량과 마이너스 각운동량의 차이가 $\hbar$의 정수배가 되지 않기 때문이다. 게다가 각운동량이 일단 $\hbar$의 정수배가 되면, 그 양자의 각운동량이 $\hbar$의 정수배의 절반이 될 수 없다. $\hbar$의 정수배에 아무리 $\hbar$를 더하거나 빼더라도 그 값은 $\hbar$의 정수배의 절반이 될 수 없기 때문이다. 마찬가지로 양자의 각운동량이 $\hbar$의 정수배의 절반이 되면, 그 값이 $\hbar$의 정수배가 될 수도 없다. '$\hbar$의 정수배 각운동량을 가지는 양자'와 '$\hbar$의 정수배의 절반인 각운동량을 가지는 양자'는 완전히 분리된 것이다.

　그리고 이것은 보손과 페르미온의 다른 모습이기도 하다. '$\hbar$의 정수배인 각운동량을 가지는 양자'가 보손이고, '**$\hbar$의 정수배의 절반인 각운동량을 가지는 양자**'가 페르미온이다! 실제로 보손인 광자와 글루온은 스핀이 1, 페르미온인 전자와 쿼크는 스핀이 1/2이다. 증명은 생략하지만, '스핀과 통계의 관계'라 부르는 이 사실은 입자물리학에서 가장 기본적인 정리 가운데 하나다. 보손과 페르미온이 갑자기 바뀌거나 하지 않는 것은 플랑크 상수가 각운동량의 기본 단위이기 때문이다. 이런 단순한 정리가 자연계에 반영돼 있다는 사실이 신비하기 그지없다.

상태는 '위치'만이 아니다

한 가지만 더 덧붙이겠다. 여기까지는 편의상 '위치가 정해진 양자 상태'를 생각했지만, 제4장에서 여러 번 강조했듯이 '위치가 정해져 있다.'라는 것은 양자의 매우 특수한 상태다. 일반적으로 양자는 여러 곳에서 동시에 분포하고, 그 운동량도 여러 값을 동시에 가진다. 또한 앞서 설명한 대로 전자에도 '상향 스핀 전자'와 '하향 스핀 전자'가 있다. 그리고 스핀 역시 한 가지 '상태'다. 한 전자가 여러 위치에 동시에 존재하는 것과 마찬가지로 한 전자의 스핀 역시 상향과 하향이 공존하는 것이 보통이다. 그러므로 전자의 양자 상태란 것은 위치와 운동량의 분포만이 아니라, 스핀의 분포도 생각해야만 비로소 정해지는 법이다.

이런 사정을 생각하면, 앞서 서술한 '페르미온은 같은 위치에 동시에 존재할 수 없다.'라는 말은 약간 설명이 부족하다. 정확하게 말하자면 '페르미온은 같은 **상태**에 동시에 존재할 수 없다.'라고 해야 한다.

물체와 접촉한다는 것

서론이 길어졌지만, 이제부터는 시점을 우리 주변으로 옮겨보자. 전자가 페르미온인 것을 알면 주변 물질이 지닌 여러 특성을 이해할 수 있다. 그 전형적인 예가 '물체는 손으로 만질 수 있다.'라는 너무나 당연한 사실이다.

물질이 원자로 이뤄져 있는 것을 생각하면, 물체에 접한다는 것은 너무나도 신비한 일이다. 원자핵 주위를 전자가 돌고 있는 것은 이미 본 대로지만, 전자는 원자핵에서 대략 0.1nm 정도 떨어져서 돌고 있다. 이것이 원자의 크기이다. 반면 원자 중심에 있는 원자핵의 크기는 대략 100만 분의 1nm다. 원자 전체 크기의 10만 분의 1 정도인 것이다. 사방으로 10m인 보통 크기의 교실을 원자라고 한다면, 원자핵은 크기가 0.1mm로 교실 한가운데 떠 있는 한 톨 먼지라고 할 수 있다. 그 외의 영역은 전부 진공이다. **원자는 텅텅 빈 상태**인 것이다. 우리가 지금 두드리는 키보드와 우리 손가락 모두 원자로 이뤄진 이상, 모두 텅텅 빈 상태다. 평범하게 생각하면, 이 정도로 텅텅 빈 것끼리 접촉을 시도하면 당연하게도 서로 빠져나가야 하는데, 손가락은 키보드에 박혀 들어가지 않고 제대로 키보드를 두드려서 순조롭게 문장을 작성할 수 있다. 참으로 기괴한 일이다.

그 비밀은 전자의 페르미온 특성에 있다. 제2장에서 원자핵 주위를 도는 전자는 파동 성질을 지니므로, 띄엄띄엄한 궤도에서만 돌고 있다고 설명했다. 이때 설명이 초기 양자론의 것이라 약간 부정확했지만, '원자핵 주위의 전자는 띄엄띄엄한 상태만 취할 수 있다.'라는 본질적인 부분은 제대로 파악했다. 단, 양자역학이 그리는 전자는 '궤도'라는 단어가 떠오르는 타원궤도를 빙글빙글 도는 것이 아니다. 양자역학을 사용해 계산하면, 원자핵에 묶인 전자의 상태 벡터(파동함수)는 원자핵을 둘러싼 입체적인 영역이라는 값을 가진다.

이 양자 상태야말로 '궤도'다. 상태 벡터 값은 양자의 존재 밀도를 나타내므로, 이 궤도를 도는 전자는 원자핵을 둘러싸는 '구름'처럼 분포한다고 생각하는 편이 정확하다.(분포라고 하지만, 그 실체는 어디까지나 전자 한 개라는 점이 양자의 재미있는 부분이다.) 그러므로, '전자가 궤도 A를 돈다.'라거나 '전자가 궤도 A에 들어간다.'라는 것은 양자역학의 표현으로 '이 전자가 |A⟩라는 상태 벡터에 대응하는 양자 상태를 취하고 있다.'라는 의미로 받아들여야 한다.

여기서 중요한 것이 '전자는 페르미온이다.'라는 사실이다. 전자에는 상향(|↑⟩)과 하향(|↓⟩) 스핀 상태밖에 없으므로, |A⟩라는 궤도에 들어 있는 전자는 '궤도 A에서 스핀이 상향인 상태'와 '궤도 A에서 스핀이 하향인 상태'밖에 없다. 페르미온인 전자는 같은 양자 상태에 한 개밖에 존재할 수 없으므로, 한 궤도에는 스핀이 다른 두 개의 전자밖에 들어갈 수 없다. 그 결과, 원자핵 주위를 여러 전자가 돌고 있을 때는 에너지가 낮은 궤도부터 차례대로 두 개씩 (다른 스핀을 지닌) 전자가 점유해서 여러 전자의 '구름'이 원자핵을 둘러싼다. 그러므로 만일 원자의 모습을 그림으로 그린다면, 가장 바깥에 '전자구름'이 분포한 형태를 그릴 수밖에 없을 것이다.

물질은 모두 원자로 이뤄져 있으므로, 물질 표면이란 전자의 구름이다. 우리 몸과 컴퓨터 키보드 모두 표면은 전자의 구름이다. 만진다는 행위는 그런 구름끼리 접근하는 것이다. 손가락 표면을 만드는 전자구름과 키보드 표면을 만드는 전자구름이 접근하려 해도, 양쪽의 궤도는 이미 전자로 채워져 있으므로, '전자구름'끼리 겹쳐지는 일은 실현되지 못하고, 손가락은 키보드의 표면 바로 앞에서 멈춘다. 이런 원리로 발생하는 힘을 '축퇴압'이라 부른다. 우리가 물체를 만질 수 있는 것이나 물체끼리 부딪쳐서 반발하는 것도 축퇴압 덕분이다. 이것이야말로 물질이 입자 같은 이유다.

만일 전자가 보손이었다면, 축퇴압이 발생하지 않으므로 물체는 마치 유령처럼 서로 맞닥뜨려도 그냥 통과할 것이다. 아니, 그 전에 전자가 보손이라면 전자 대부분은 에너지가 가장 낮은 궤도에 들어가서 원자 그 자체가 지금의 형태를 유지할 수 없을 것이다. 주변의 물체가 형태를 유지하고, 서로 접촉할 수 있는 것은 전자가 페르미온인 덕분이다.

이 세상에 물과 공기가 있다는 것

제3장에서 원자가 결합해서 분자를 만들려면, 원자끼리 가까이 있을 때 전자가 단독 원자핵을 둘러싸는 단독궤도를 도는 것보다 여러 원자핵을 둘러싸는 분자궤도를 도는 것이 에너지가 작아야 한다는 이야기를 했

다. 그때는 초기 양자론의 견해를 인용했지만, 지금이라면 여기서 말하는 '궤도'가 양자 상태라고 이해했을 것이다. 이것을 이해하면 이 이야기는 또 다른 양상을 띠게 된다.

한 예로 같은 종류의 원자가 두 개 있는 상황을 생각해 보자. 물론 각 원자 주위에는 전자가 돌고 있으므로, 전자가 두 개 이상 있는 상황을 생각해야 한다. 여러 양자가 있을 때 '두 양자는 서로 구별할 수 없다.'라는 특성을 항상 염두에 둬야 한다. 초기 양자론에는 이런 생각이 없었다. 단지 두 원자가 멀리 떨어져 있으면 전자는 한 원자의 영향만 받으므로, 그 전자가 한쪽 원자에 소속돼 있다고 생각할지 양쪽 원자에 소속돼 있다고 생각할지는 단순히 관점 차이에 불과하다. 하지만 원자끼리 서로 가까워지면 이야기가 달라진다.

전자는 양쪽 원자로부터 힘을 받으므로 두 원자를 모두 무시할 수 없기 때문이다. 이 경우, '서로 구별할 수 없다.'라는 양자 특성을 진지하게 생각해야 한다. 실제로 두 원자 주위 모두에 전자의 존재 밀도가 있고 전자가 서로 구별할 수 없다면, 한 전자가 두 원자 모두에 존재 밀도를 가진다고 할 수밖에 없다. 그 전자가 원래 어느 원자 주위에 있었는지를 생각해도 의미가 없는 것이다.

상태 벡터를 사용하면 이 내용을 더 구체적으로 표현할 수 있다. 두 원자를 '원자 1'과 '원자 2'라 부르고, 이들이 멀리 떨어져 있을 때 각각의 주위를 도는 전자 궤도(상태 벡터)를 $|1\rangle$, $|2\rangle$라고 표시하자. 그리고 이것들을 사용해서 '두 원자에 동시에 속하는 상태'를 미리 만들어두기로 하자. 벡터를 더할 수 있다는 것이 포인트다. '어느 원자에도 동시에 속하는 상

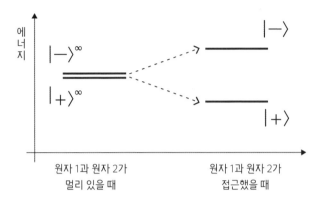

그림 6-1 두 원자 주변의 전자 에너지
원자가 멀리 있을 때는 두 궤도가 같은 에너지를 갖지만, 원자끼리 접근하면 원자와의
상호 작용으로 인해 에너지 차이가 생긴다.

태'는 $|1\rangle$와 $|2\rangle$를 같은 비율로 더해서 만든다. 다만 벡터를 더할 때는 계
수가 붙으므로, 같은 비율로 더하면 (전체 계수를 제외하고) $|+\rangle^\infty = |1\rangle +$
$|2\rangle$와 $|-\rangle^\infty = |1\rangle - |2\rangle$라는 두 가지를 생각할 수 있다. 참고로 첨자인 ∞
(무한대)는 두 원자가 멀리 떨어져 있을 때를 나타내려고 붙였다. $|+\rangle^\infty$와
$|-\rangle^\infty$는 $|1\rangle$와 $|2\rangle$를 더하고 뺀 것일 뿐이므로 같은 크기의 에너지를 가
진다는 점을 주의하자.

여기까지는 원자가 멀리 떨어져 있을 때의 이야기다. 원자가 가까워
지면 전자 궤도는 양쪽 원자에서 영향을 받아 변형된다. 궤도란 상태 벡터
를 말한다. 즉 멀리 떨어져 있을 때는 $|+\rangle^\infty$, $|-\rangle^\infty$로 표현했던 상태가 원
자와의 상호 작용으로 인해 다른 벡터로 변화한다. 변형 후의 상태 벡터를
$|+\rangle$, $|-\rangle$라고 쓰자. 이렇게 변형된 벡터는 더는 단순한 $|1\rangle$, $|2\rangle$의 덧셈

으로 표현할 수 없으며, 이들 상태에 속하는 전자는 진정한 의미에서 양쪽 원자 주위에 동시에 존재한다.

게다가 원자의 영향을 받아서 $|+\rangle^{\infty}$, $|-\rangle^{\infty}$가 $|+\rangle$와 $|-\rangle$로 변형될 때, $|+\rangle^{\infty}$와 $|-\rangle^{\infty}$에서는 받는 영향이 다르다. 구체적인 계산은 이 책의 범위를 넘어서므로 생략하지만, $|+\rangle^{\infty}$, $|-\rangle^{\infty}$는 같은 크기의 에너지를 가지고 있음에도 불구하고, 일반적으로 $|+\rangle$와 $|-\rangle$에서는 에너지가 달라진다. 여기서는 $|+\rangle$ 쪽이 $|-\rangle$보다 에너지가 작아진다고 하자. **그림 6-1**

원자끼리 결합할지 어떨지는 이렇게 만들어진 새로운 궤도가 단독 원자 주위를 도는 궤도에 비해 에너지가 낮은지 높은지로 결정된다. 원자끼리 가까워져서 생긴 새로운 궤도 $|+\rangle$의 에너지가 단독 원자의 주위를 도는 $|1\rangle$, $|2\rangle$의 에너지보다 작아졌다고 하자. 이렇게 되면 전자에게는 원자가 멀리 떨어진 상태에서 궤도 $|1\rangle$, $|2\rangle$에 있는 것보다 원자가 접근해서 $|+\rangle$ 상태에 있는 편이 에너지가 작으므로 안정적인 상태가 된다.

그 결과, 전자는 $|+\rangle$ 상태에 상당하는 '양쪽 원자를 둘러싸는 구름 상태 분포'를 형성하고, 두 원자는 전체로서 한 입체구조가 된다. 이것이 분자다. 제3장에서 분자궤도라고 불렀던 것은 이런 $|+\rangle$ 상태를 가리킨다. 지금 예에서는 간단히 같은 종류의 원자가 두 개 있는 상황을 생각했지만, 다른 원자거나 원자가 세 개 이상이라도 같은 현상이 일어난다. 여러 원자가 가까워지면 전자는 각 원자로부터 힘을 받고, 모든 원자에 걸치는 궤도를 형성한다. 공기를 구성하는 산소 분자와 질소 분자, 우리의 생명 활동에 빼놓을 수 없는 물 분자는 이렇게 만들어졌다.

반대로 새로 만들어진 궤도 쪽이 단독 원자 주위 궤도보다 에너지가 커지면, 분자는 형성되지 않고, 원자는 단독으로 계속 존재한다. 헬륨과 아르곤이 분자를 만들지 않고 단원자로 안정된 것은 이런 이유 때문이다.

중요한 내용이므로 강조하지만, 지금 설명의 본질은 전자가 페르미온이라는 사실이다. 실제로 원자끼리 가까워지면, 우선 가장 바깥에 있는 궤도가 변형해서 분자궤도를 만드는데, 그 안에는 더 에너지가 낮은 단독궤도가 많이 있다. 그런데도 전자가 안쪽 궤도에 들어가지 않는 것은 그 궤도에 이미 다른 전자가 들어 있어서 페르미온인 전자가 추가될 여지가 없기 때문이다. 만일 전자가 보손이라면 그런 제한이 없다. 이런 경우라면 원자끼리 접근해도 분자를 만들지 못하므로, 이 세상에는 산소, 수소, 알코올, 심지어 인체마저도 존재할 수 없어서 주변 풍경은 크게 달라질 것이다. 이 세상에 공기와 물이 존재하는 것 자체가 양자의 이치를 반영한 것이다.

도체와 절연체

지금 생각한 것은 비교적 적은 수의 원자로 구성된 분자이지만, 원자 중에는 두 개보다 세 개, 세 개보다 네 개가 결합해야 에너지가 작아지는 것도 있다. 금, 은, 동, 철, 알루미늄 같은 금속과 탄소와 규소처럼 결정을 만드는 원자가 그런 것들이다. 이런 원자라면, 무수히 모인 원자에 걸친 전자 궤도를 형성하는 편이 에너지가 작아져서 안정된다. 그래서 원자들은 서로 모이고, 전자들은 그 주위를 감싸는 구름을 만든다. (물론 각 원자 주위에는 단독궤도를 도는 전자가 남아 있다.) 금속과 탄소 결정(다이아몬드), 규소 결정은 이렇게 만들어진 것이다.

여기서 의문이 생긴다. 금속, 다이아몬드, 규소 결정 모두 같은 방식으로 만들어졌는데 금속은 전기가 통하지만, 다이아몬드는 전기가 통하지 않는다. 규소(실리콘) 결정은 반도체로 유명하지만, 이것은 혼합물이라서 그런 것이고 단순한 규소 결정은 다이아몬드처럼 전기가 통하지 않는다. 같은 방식으로 만들어진 물질인데 도대체 뭐가 다른 걸까? 이런 전기적 특성을 결정하는 것 역시 전자의 페르미온 특성이다. 그 모습을 살펴보자.

두 원자가 가까워지면, 각 원자 주위에 있던 궤도가 서로 섞여 변형하면서 에너지가 다른 두 궤도를 형성한다는 내용은 이미 설명했다.

이런 사정은 결합하는 원자가 증가해도 마찬가지다. 원자 세 개가 접근하면 원자간 상호 작용의 영향으로 에너지가 다른 궤도 세 개가 만들어진다.그림 6-2 무수한 원자가 가까워지는 경우도 마찬가지라서 각 원자가 지니고 있던 궤도는 다른 원자의 영향을 받아 서로 섞여 변형하고, 에너지가 다른 무수한 궤도를 재구성한다.

단, 이 궤도들은 에너지 수준이 원래 같았다는 사실을 잊어서는 안 된다. 에너지 차이는 어디까지나 원자 간 상호 작용으로 발생한 것이다. 원자 한 개가 영향을 미칠 수 있는 거리에는 한계가 있으므로, 아무리 많은 원자가 모여도 만들어낼 수 있는 에너지 차이에는 한도가 있다. 그러므로 만들어진 무수한 궤도는 어떤 일정한 에너지 폭 사이에 가득 차 있어서 거의 연속적인 에너지 분포를 형성한다. 이런 에너지 분포를 그림으로 그리

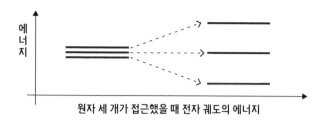

원자 세 개가 접근했을 때 전자 궤도의 에너지

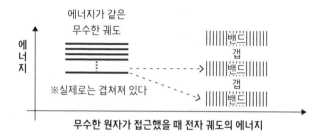

무수한 원자가 접근했을 때 전자 궤도의 에너지

그림 6-2 원자 세 개 이상이 접근했을 때 전자 궤도의 에너지
궤도 세 개로부터는 에너지가 다른 궤도 세 개가 생긴다. 무수한 원자가 결합하면, 무수한 궤도가 일정한 에너지 폭 안에 모인 '밴드'를 여러 개 형성한다. 밴드와 밴드 사이에는 궤도가 없으며 '갭'이라 부른다.

면 띠(밴드)처럼 되므로 **밴드**라고 부른다. 그렇다고 해도 만들어진 궤도가 모두 연속적으로 이어지는 것은 아니다. 밴드는 여러 개 만들어지며, 각밴드 사이에는 궤도가 전혀 존재하지 않는 **갭**을 형성하는 것이 일반적이다. 이처럼 무수한 원자가 결합한 물질 주위의 전자는 '갭에 의해 분리된 밴드'라는 구조를 지닌 궤도에 분포한다. **그림 6-2 아래**

이러한 밴드와 갭 구조, 전자의 페르미온 특성이 결정의 성질을 풀어내는 열쇠다. 무수한 원자가 결합한 결정은 무수한 전자를 포함한다. 전자는 기본적으로 가능한 한 에너지가 작은 궤도에 들어가려 하지만, 스핀을

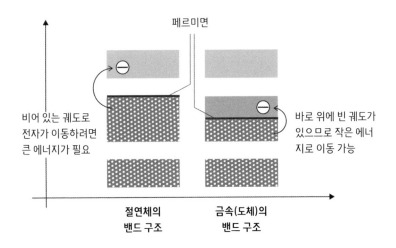

페르미면

비어 있는 궤도로
전자가 이동하려면
큰 에너지가 필요

바로 위에 빈 궤도가
있으므로 작은 에너
지로 이동 가능

절연체의
밴드 구조

금속(도체)의
밴드 구조

그림 6-3 절연체(왼쪽)와 금속(오른쪽)의 밴드 구조
전자의 에너지 분포 표면을 '페르미면'이라 부른다.

지닌 페르미온인 전자는 같은 궤도에 고작 두 개밖에 들어가지 못한다. 결정 주위에 전자를 채워가면, 가장 에너지가 낮은 밴드부터 차례로 전자가 채워진다. 그 밴드가 가득 차면 거기에는 전자가 더 들어갈 수 없으므로, 전자는 다음 밴드로 들어간다. 이런 식으로 결정 안의 전자는 에너지가 낮은 곳부터 차례로 밴드를 채워간다.

이것은 여러 컵에 물을 붓는 모습과 비슷하다. 컵을 밴드, 물을 (무수한) 전자라고 생각하자. 한 컵이 가득 차면 그 컵에는 물이 더 들어가지 못하므로, 물은 다음 컵에 부어진다. 컵 하나(밴드)에 들어가는 물(전자)의 양이 정해져 있다는 점이 전자의 페르미온 특성에 딱 들어맞는다.

여기까지 준비가 끝났으면 같은 원리로 결합해도 전기를 통하지 않는 결정(다이아몬드 등)과 통하는 결정(금속)이 존재하는 이유를 알 수 있다.

그 차이는 전자를 전부 다 넣었을 때, 밴드가 가득 메워졌는지 아니면 밴드에 아직 여유가 있는지다. 물과 컵에 비유해서 말하자면, 1L 물을 500mL 컵에 붓는 것이 전자, 600mL 컵에 붓는 것이 후자다. 전자에서는 컵 두 개를 정확하게 가득 채운 상태로 끝나고, 후자에서는 두 번째 컵을 다 채우지 못했으므로 컵 공간에 여유가 있는 상태이다.

만일 전자가 밴드 위까지 가득 채운 결정에 전압을 가하면 어떻게 될까? 고전적인 상식으로 생각하면 전자가 움직일 것 같지만, 양자역학에서는 전자에 전압을 가한다고 해서 반드시 전자가 움직이지는 않는다. 전자가 움직인다는 것은 전자가 에너지를 획득해서 더 큰 에너지를 가진 새로운 양자 상태로 옮겨간다는 의미다. 반대로 말하자면, 그런 '더 큰 에너지를 가진 새로운 상태'가 양자역학적으로 허용되지 않는 한, 즉 그 상태가 슈뢰딩거 방정식의 해가 되지 않는 한 전자는 에너지를 획득할 수 없다.

밴드가 가득 채워진 지금 상태라면, 전자가 이동할 수 있는 곳은 큰 에너지 갭 너머에 있는 다음 밴드뿐이다. 갭을 뛰어넘는 데 필요한 에너지는 상당히 크다. 그래서 약간의 전압을 가한다고 해도 전자가 갈 수 있는 곳이 없으므로 전류가 흐르지 않는 것이다. 이것이 절연체다. 다이아몬드와 규소 결정은 이렇게 돼 있다. **그림 6-3 왼쪽**

반대로 밴드가 완전히 채워지지 않았다고 하자. 밴드는 거의 연속적인 에너지 분포를 가진 궤도의 집합이므로, 에너지 분포의 표면 근처에 있는 전자는 조금이라도 에너지를 획득하면 바로 위에 있는 밴드 내부의 빈 궤도로 이동할 수 있다. 그래서 전압을 가하면 이 전자처럼 갈 곳이 있는 전자들이 일제히 에너지를 획득해서 움직이므로 전류가 흐른다. 이런 성

질을 지닌 물질이 금속(도체)이다. **그림 6-3 오른쪽**

여담이지만, 이런 '에너지 분포 표면'은 물질의 성질을 결정하는 중요한 개념이므로 특별한 이름이 붙어 있다. 그 이름이 **페르미면**이다. 이 개념은 편리하므로 앞으로도 사용하도록 하자. 이 단어를 사용해서 표현하면, **금속이란 밴드 도중에 페르미면이 있는 물질**이다. 이때 페르미면 부근의 전자는 갈 곳이 많으므로, 다양한 자극에 대해 자유롭게 움직일 수 있다. 이것이 '자유전자'다. 이런 자유전자의 존재야말로 금속의 특징이며, 자유전자의 존재는 페르미면이 밴드 도중에 있는 것과 표리일체의 관계다.

금속이 차갑고 빛나는 것

이를 이해하면 금속의 금속다움이 양자의 특성을 반영한 것임을 알 수 있다. 전자에 에너지를 주는 요인은 전압뿐만이 아니라는 것이 포인트다. 예를 들어서, 빛은 전자에 에너지를 제공한다. 전형적인 예시는 태양 스펙트럼에서 볼 수 있는 띄엄띄엄한 암선인 프라운호퍼선(85쪽)과 원자에서 나오는 빛이 지닌 띄엄띄엄한 스펙트럼(67쪽)이라 할 수 있다. 원자 주위를 도는 전자 에너지는 띄엄띄엄 존재하므로, 전자는 이동 전후 궤도의 차이에 상당하는 에너지만 흡수하거나 방출한다. 프라운호퍼선이 띄엄띄엄한 것은 흡수하는 빛 에너지가 띄엄띄엄해서이며, 원자에서 나오는 빛이 띄엄띄엄한 것은 방출하는 빛 에너지가 띄엄띄엄하기 때문이다. 원자 속의 전자가 빛을 흡수하거나 방출할 수 있다는 증거라 할 수 있다.

이와 완전히 같은 현상이 금속 결정에서도 일어난다. 원자와 차이가 있다면, 페르미면 부근에 분포하는 전자인 자유전자에 페르미면 바로 위에서 밴드 위쪽까지 연속적으로 이동할 수 있는 곳이 있다는 점이다. 그러므로 띄엄띄엄한 궤도를 지닌 원자와 달리, 금속은 연속적인 에너지의 광자를 흡수하거나 방출할 수 있다.

금속에 광택이 있는 것은 이런 이유 때문이다. 금속에 뛰어든 광자의 에너지가 자유전자가 갈 수 있는 곳에 수렴하는 범위라면 자유전자가 이를 흡수해서 비어 있는 궤도로 이동한다. 하지만 전자는 에너지가 높은 궤도에 오래 머무르지 못하므로 바로 원래 궤도(페르미면 부근)로 돌아오며, 조금 전에 흡수한 광자를 방출한다. 광자의 에너지는 빛의 색과 관계가 있으므로 금속은 흡수한 빛과 같은 색의 빛을 그대로 방출하는 것이다. 덧붙여서 말하면 자유전자가 흡수할 수 있는 에너지는 연속적이므로, 자유전자는 어떤 색의 빛이라도 흡수하거나 방출할 수 있다. 그 결과, 금속은 뛰어든 여러 색의 빛을 그대로 튕겨내 풍경을 비추는 거울처럼 광택을 띠는 것이다.

다만 자유전자가 흡수할 수 있는 에너지에는 '페르미면과 가장 위의 밴드까지의 에너지 차이'라는 한계가 있다는 점을 주의해야 한다. 이런 한계보다 큰 에너지를 지닌 광자라면 전자가 갈 곳이 없으므로 그런 광자를 흡수하거나 방출할 수 없다. 에너지가 큰 광자는 가시광선 중에서 청색광이다. 밴드 안에 충분한 공간이 있는 금속이라면, 모든 가시광선을 흡수 또는 방출할 수 있으므로 인간 눈에 보이는 빛을 완전하게 반사할 수 있지만, 공간이 충분하지 않다면 반사하는 빛에서 청색이나 자색이 빠진다. 금이나 동이 붉은색에 가까운 독특한 색조를 지니는 광택을 띠는 것은 이런 이유 때문이다.

전압과 빛만이 아니라, 열도 에너지원이 된다. 금속 표면을 손으로 문지르면 차갑게 느낄 것이다. 이것은 손에서 금속 표면으로 이동한 열이 금속 내부로 급속히 옮겨져서 금속 표면 온도가 금방 내려가기 때문인데, 이때 열이 급속하게 옮겨지는 현상도 역시 자유전자의 작용이다.

원리는 전압을 가했을 때와 완전히 같다. 원래 열이란 온도가 높은 곳에서 낮은 곳으로 향하는 에너지 흐름이며, 그 에너지 분포는 기본적으로 랜덤하다. 36℃ 정도의 온도를 지닌 손바닥으로 기온과 같은 온도(15℃ 정도라고 하자.)를 띤 금속을 만지면, 갈 곳이 많은 자유전자는 그 에너지를 받아서 아직 에너지가 낮은 곳에 있는 전자에게 에너지를 전달한다. 이렇게 해서 손바닥에서 금속 내부로 에너지가 옮겨져 차가운 느낌이 드는 것이다. 이것이 가능한 이유는 비어 있는 밴드의 에너지 분포가 연속적이어서 열이라는 랜덤한 에너지를 흡수할 수 있기 때문이다. 전기가 잘 통하고, 독특한 광택을 띠며, 만지면 차갑게 느껴지는 금속의 기본적인 특징 전부는 원인을 따지면 전자가 페르미온이라는 같은 뿌리에서 나온 것이다.

터널 효과
양자의 '벽 통과'

지금까지 지극히 평범한 물질의 모습에 전자의 페르미온 특성이 반영된 점을 살펴봤는데, 양자 현상을 이용하는 매우 친근한 현상이 하나 더 있다. **터널 효과**가 바로 그것이다. 양자 세계에서 터널 효과는 매우 흔해서 양자의 본질이라고도 할 수 있는 현상이지만, 초기 양자론으로는 결코 이해할 수 없었다.

옛날 고전역학 시절에서부터 시작해 보자. 한 레일 위를 지극히 평범한 공이 굴러가는 장면을 상상한다. 그 레일은 그림 6-4처럼 도중에 비탈길이 돼 산처럼 솟아 있다. 공이 산을 넘어가려면 어느 정도의 속도로 공을 굴려야 할까?

이 문제를 푸는 방법은 여러 가지가 있지만, 가장 편한 방법은 에너지에 주목하는 것이다. 뉴턴 운동방정식의 결론 중에는 '보존력밖에 작용하지 않을 때, 운동에너지와 위치에너지의 합은 변하지 않는다.'라는 법칙이 있다. 소위 말하는 **역학적 에너지 보존 법칙**이다. 레일 위를 이동하는 공에는 보존력인 중력만 작용하므로, 이 법칙을 적용할 수 있다.

평탄한 곳을 달리고 있을 때, 공에는 운동에너지밖에 없다. 하지만 공이 비탈길을 올라가서 위치에너지가 커지면 그에 상응해서 운동에너지는 작아진다. 운동에너지가 제로가 돼 공이 정지하는 곳은 위치에너지가 처

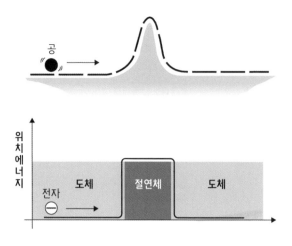

그림 6-4 산처럼 솟아오른 레일(위)과 절연체를 끼운 도체(아래)
두 경우 모두 위치에너지 벽이 물체의 운동을 방해한다.

음에 가지고 있던 운동에너지와 같아졌을 때다. 이것이 공이 올라갈 수 있는 높이의 한계다. 즉 기세가 부족해서 운동에너지가 산 정상에서의 위치에너지보다 부족하면 공은 아무리 애써도 산을 넘을 수 없다. 레일로 만들어진 산은 위치에너지의 벽이라고 할 수 있다. 자신이 지닌 에너지보다 큰 위치에너지 벽은 넘을 수 없다. 이것이 고전역학의 결론이다. '에너지는 보존된다.'라는 본질적인 법칙에서 끌어낸 직접적인 결론이며 직감적으로도 이해하기 쉽다.

자, 여기서부터가 본론이다. 같은 상황에 레일을 대신해 도선을 설치하고, 산을 대신해 얇은 절연체를 끼워 넣고 전지를 연결해서 전자에 에너지를 제공한다고 하자. **그림 6-4 아래** 절연체라고는 해도 전류를 막을 수 있는 것은 전압이 작을 때뿐이다. 충분히 강한 전압을 가하면 전류가 흐른다. 상승기류에 의해 거대한 전압이 발생하면 절연체인 공기에도 번개라는 형태로 전류가 흐르는 것이 좋은 예다. 물론 여기서는 전자에 그 정도로 큰 에너지를 제공하지 않는다. 절연체라는 '위치에너지 벽'의 방해를 받은 전자는 어떻게 행동할까?

에너지는 매우 기본적인 개념이다. 아무리 양자라도 그 이치를 벗어나서 벽을 넘을 수는 없다가 당연한 추론이겠지만, 양자는 그렇게 만만하지 않다. 놀랍게도 벽 너머에 있던 양자 일부는 벽을 넘을 에너지가 없는데도 마치 배어 나온 것처럼 벽 건너편으로 빠져나온다! 이것이 터널 효과다. 마치 양자가 터널을 판 것처럼 벽을 빠져나와서 붙은 이름이다.

터널 효과는 경로적분을 사용하면 깔끔하게 이해할 수 있다. 경로적분에서는 양자를 가능한 모든 경로를 거쳐 운동하는 입자라고 생각한다. 다만, 그 경로는 존재에 '진함과 옅음의 정도'가 있어서 고전역학에서 실현될 것 같은 작용 범함수 값이 작은 경로에 가까울수록 짙게 존재했다. 그 가운데는 위치에너지의 벽을 넘어 건너편으로 빠져나가는 경로도 포함된다. 그 경로와 관련된 작용 범함수 값이 무한대가 되지 않는 한, 그 경로에는 어느 정도의 진함이 있다.

크다고는 해도 벽의 높이는 유한하다. 그렇다면 벽을 넘어서 건너편으로 빠져나가는 경로가 고전역학에서는 불가능하지만, 작용 범함수 값이 유한한 이상 그 경로에도 어느 정도의 존재 확률이 있다. 결국 여러 번 관측하다 보면, 반드시 전자를 발견하게 된다. 이것이 터널 효과의 원리다.

이미지로 표현하자면, 양자 세계에서는 벽을 향해 공을 몇 번 던지면 가끔 공이 벽을 빠져나가서 벽 건너편으로 날아가는 일이 있다는 정도로 생각하면 된다. 고전역학 세계에 익숙해져 있으면 참으로 불가사의한 이야기지만, 양자 세계에서는 이것이 현실이다. 또한 터널 효과가 일어난 전후의 에너지는 같으므로, 벽을 빠져나갔다고 해서 에너지 보존 법칙이 깨지는 것은 아니라는 점도 덧붙여둔다.

알파붕괴
방사선이 나오는 이유

터널 효과는 양자 현상의 각종 상황에 등장하는데, 무거운 원자핵이 알파선(헬륨 원자핵)을 방출해서 더 가벼운 원자핵으로 변하는 알파붕괴도 그 전형적인 사례다. **그림 6-5** 원자핵은 양성자와 중성자가 결합한 양자 상태다. 예를 들어서 방사성원소로 유명한 우라늄의 가장 안정적인 원자핵은 양성자 92개와 중성자 146개가 결합한 '우라늄 238'이다.

이런 결합 상태는 안정적이지만, 그래도 플러스 전하를 지녀서 서로 반발하는 양성자 92개를 억지로 억누르는 상태다. 양성자를 밖으로 내보내서 내부 반발력을 줄이는 편이 더 안정적이다. 어차피 내보낸다면, 강하게 결합한 양성자와 중성자 덩어리를 내보내는 편이 더 유리하다. 그런 덩어리 중에서 가장 안정되고 작은 것은 양성자 2개와 중성자 2개가 결합한 헬륨 원자핵, 소위 말하는 알파입자다. 즉 '우라늄 238'이라는 양자 상태보다 알파입자를 방출한 후, 양성자 90개와 중성자 144개가 결합한 '토륨

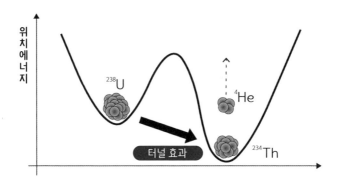

그림 6-5 알파붕괴 사례
'우라늄 원자핵'을 나타내는 양자 상태와 '토륨 원자핵'을 나타내는 양자 상태 사이에는
위치에너지 벽이 있다. 이 벽을 터널 효과로 빠져나가서 알파입자가 방출되는 것이 알
파붕괴다.

234'라는 양자 상태가 되는 쪽이 에너지가 작다.

다만 토륨 234의 에너지가 작다고는 해도 그것은 알파입자를 꺼내기 전후를 비교했을 때의 이야기다. 우라늄 238 자체는 매우 안정적이라서 헬륨 원자핵을 억지로 끌어내려 해도 작은 힘으로는 불가능하다. 우라늄 238과 토륨 234 사이에는 위치에너지 벽이 가로막고 있기 때문이다. 우물 바닥의 돌이 마음대로 튀어나올 수 없는 것처럼, 고전역학으로 생각한다면 우라늄 238에서 알파입자가 마음대로 나올 수는 없다.

하지만 지극히 작은 존재인 원자핵은 양자 이론을 따른다. 위치에너지 벽이 있다고 해도 벽의 높이가 유한하다면, 어느 정도의 확률로 그 벽을 빠져나오는 것이 양자다. 우라늄 238은 어느 정도의 확률로 위치에너지 벽을 빠져나와 알파입자를 방출하고 토륨 234로 변한다. 이것이 알파붕괴다. 참고로 우라늄 238이라면, 이렇게 벽을 빠져나올 확률이 44억 6,800만 년 기다리면 50%가 된다. 이 시간을 '반감기'라고 한다. 반감기의 길이가 우라늄 238의 안정성을 그대로 보여준다.

알파붕괴가 일어나면, 원자핵 자체가 에너지가 더 작은 상태로 변하고 알파입자는 그 에너지 차이에 상당하는 운동에너지를 획득한다. 이는 에너지가 큰 궤도를 도는 전자가 에너지가 작은 궤도로 이동할 때, 그 에너지 차이에 해당하는 광자를 방출하는 것과 같은 원리이지만, 원자핵의 결합 에너지는 전자의 결합 에너지와 비교하면 약 100만 배나 더 크다. 이 때문에 알파입자의 에너지는 원자에서 나온 빛 에너지와는 비교할 수가 없을 정도다. 알파붕괴만이 아니라, 원자핵에서 방출되는 방사선이 거대한 에너지를 지닌 것에는 이런 이유가 있다.

여기서는 우라늄을 예로 들었지만 라듐과 라돈, 폴로늄 등 알파붕괴를 일으키는 원자핵은 이 밖에도 많다. 이들의 특징은 양성자와 중성자가 많이 결합한 원자핵으로 무겁다는 점이다. 반발하는 양성자를 억누른 상태인 원자핵이 알파붕괴를 일으키기 쉽다는 증거다. 이외에도 큰 에너지를 지닌 전자를 방출하는 베타붕괴, 큰 에너지를 지닌 광자를 방출하는 감마붕괴 등도 어떤 양자 상태보다 더 안정된 양자 상태로 도약하면서 일어나는 현상으로, 그 본질은 터널 효과다. 더 말하자면, 원자핵 주위의 전자가 에너지가 낮은 궤도로 도약해서 광자를 방출하는 것도 넓은 의미에서 터널 효과다. 터널 효과는 양자 반응의 핵심이라고 할 수 있다.

플래시 메모리에 숨은 양자 이론

터널 효과는 매우 흔한 현상이므로, 과학기술에서도 활발히 응용하고 있다. 컴퓨터를 사용할 때 흔히 접하는 USB 메모리와 SSD에서 사용하는 '플래시 메모리'가 좋은 예다.

메모리는 디지털 정보를 축적하는 장치다. '디지털 정보'라고 하면 추상적인 인상을 줄 수도 있지만, 간단히 말하면 거대한 정수다. 디지털카메라로 촬영한 이미지를 예로 설명해 보자. 알고 있는 대로 디지털 이미지는 작은 점의 집합이다. 우리가 사용하는 스마트폰에 들어 있는 카메라의 화소 수는 약 1,200만 개다. 즉 이 카메라로 촬영한 이미지는 색을 지닌 점 약 1,200만 개의 집합이라는 것이다. 컴퓨터 세계에서는 색의 개수도 유한하다. 예를 들어서 RGB라도 부르는 방식에서는 약 1,700만 색이고, 색마다 번호가 붙어 있다. 따라서 이런 디지털 이미지는 1,200만×1,700만 개의 정수로 표현할 수 있다. 물론 실제로는 더 영리한 방법을 사용해서 정보량을 줄이지만, 디지털 이미지를 거대한 정수로 표현하는 사정은 같다. 디지털 정보가 거대한 정수라는 것은 이런 의미다.

즉 어떤 방법을 사용하더라도 정수를 기록하는 장치가 있으면, 그것이 메모리다. 더 말하자면, 모든 정수는 2진수로 표현할 수 있으므로 궁극적으로는 0과 1을 기록하는 장치만 있으면 충분하다.

예를 들어서 바둑판은 메모리가 될 수 있다. 검은 돌이 놓여 있으면 0,

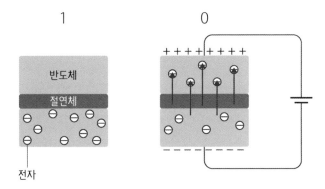

그림 6-6 플래시 메모리의 개념도
반도체 사이에 절연체 시트가 끼워져 있어서 가만히 놔두면 위쪽 셀에는 전자가 들어 있지 않다. 이것이 '1'인 상태다. 전압을 가하면 터널 효과가 일어날 확률이 높아져서 전자가 절연체 시트를 통과해 위쪽 셀로 이동해 전자가 모인다. 이것이 '0'인 상태다. 전압을 가하지 않으면 터널 효과가 일어날 확률이 매우 낮으므로 전원을 꺼도 정보를 유지할 수 있다.

흰 돌이 놓여 있으면 1이라고 정하면 된다. 바둑판은 가로세로 19칸이므로, 교점 모두에 돌을 놓는다고 하면 전부 19×19=361개의 바둑돌을 놓을 수 있다. 바둑돌 하나로 0과 1을 표현할 수 있으므로, 바둑판에 기록할 수 있는 정수는 2의 361승 개다. 교점 모두에 돌을 놓는다고 하면 이런 정보량을 '361비트'라고 한다. 참고로 정보량의 단위로 자주 사용하는 '1바이트'는 8비트를 가리킨다. 이 단위를 사용하면 바둑판 메모리의 정보량은 361÷8=45.125바이트다. 더 큰 정수를 작은 공간에 보존하려면 작은 영역에 0과 1을 대량으로 기록하는 장치가 있어야 한다.

이때 등장하는 것이 플래시 메모리다. 매우 단순화한 것이지만, 그림 6-6이 개념도다. 금속과 마찬가지로 자유전자가 있는 N형 반도체 사이에 절연체 시트가 끼워져 있다. 도체와 반도체라는 차이는 있지만, 본질을 보자면 그림 6-4(202쪽)의 아래 그림과 같다. 이 상태에서 전자는 절연체를 넘을 수 없다.**그림 6-6 왼쪽** 터널 효과로 빠져나갈 가능성이 제로는 아니지만, 절연체가 만드는 위치에너지 벽과 비교하면 전자의 에너지가 너무 작아서 그 확률은 사실상 제로라고 생각해도 좋기 때문이다.

하지만 반도체에 전압을 가해서 전자에 에너지를 주면 터널 효과가 일어날 확률이 극적으로 커진다. 그 결과, 일부 자유전자가 절연체를 빠져나가 플러스 전극이 연결된 위쪽 셀에 모인다.**그림 6-6 오른쪽** 위쪽 셀에 전자가 모여 있지 않은 상태를 '1', 모인 상태를 '0'이라고 정하면, 이 원리로 0과 1을 보존할 수 있다. 메모리를 완성한 것이다.

참고로 이런 0과 1은 전원을 꺼도 그대로 유지된다.(이런 메모리는 '비휘발성 메모리'라고 부른다.) 전압을 가하지 않은 상태에서는 터널 효과가 일어날 확률이 극단적으로 작아서 전자가 절연체를 넘어갈 수 없기 때문이다. 우리가 부담 없이 USB 메모리를 들고 다닐 수 있는 것도 이런 특성 덕분이다. 만일 가까운 곳에 USB 메모리가 있다면, 그것을 가만히 바라보면서 거기에 깃든 양자의 이치를 생각해 보는 것도 좋을 것이다.

주사형 터널 현미경

터널 효과를 재미있게 응용한 것이 '주사형 터널 현미경'이다. 이 현미경은 제4장에서 소개한 광학현미경과 원리가 달라서 물체의 표면을 '만지는' 것으로 그 요철을 조사한다.

그림 6-7의 위쪽이 주사형 터널 현미경의 개념도다. 원리는 단순해서 굵기가 약 10nm 정도인 매우 가느다란 바늘과 조사하고 싶은 물체에 전극을 연결하고, 바늘을 물체 표면에 닿을 듯 말 듯한 거리에서 움직이는 것뿐이다.

'바늘이 물체에서 떨어져 있으면 전극을 연결하는 의미가 없지 않나?'라고 생각할 수도 있지만, 터널 효과를 잊어서는 안 된다. 바늘과 물체 사이에는 공기라는 절연체가 있지만, 절연체가 만드는 위치에너지 벽은 무한하지 않으므로 전자가 벽을 통과할 수 있다. 특히 벽이 매우 얇을 때는 이 확률을 무시할 수 없다. 그래서 바늘을 물체에 충분히 가까이 가져가면, 많은 전자가 바늘과 물체 사이를 지나고 회로에는 전류가 어느 정도 흐른다. 이처럼 터널 효과로 흐르는 전류를 '터널 전류'라고 부른다.

터널 효과가 일어날 확률은 벽 두께에 매우 민감하다. **그림 6-7 아래** 벽이 두꺼워지면, 벽을 통과하는 경로가 짧아져서 그만큼 작용 범함수 값이 커지기 때문이다. 그래서 벽 두께를 원자 한 개 정도만 변화시켜도 터널 전룻값은 매우 크게 달라진다. 이런 사실을 역으로 이용해서 **전류 크기를 바늘과 물체 사이 거리의 지표로 사용**하는 것이 주사형 터널 현미경이라는 아이디어다.

물체 표면은 원자로 이뤄져 있다. 바늘을 옆으로 움직인 결과, 바늘이 원자와 원자 사이에 도달하면 바늘과 물체 사이의 거리가 멀어져서 전류가 작아진다. 반대로, 바늘이 원자 바로 위에 오면 바늘과 원자 사이의 거

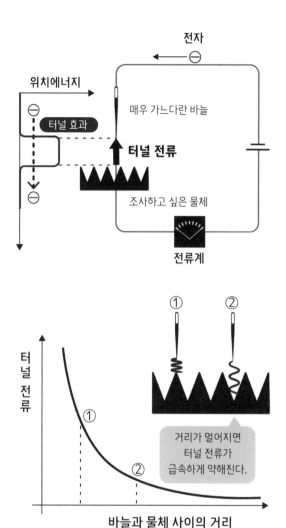

그림 6-7 주사형 터널 현미경의 개념도(위), 바늘과 물체 사이의 거리와 터널 전류의 관계(아래)

매우 가느다란 바늘과 조사하고 싶은 물체에 전극을 연결하고, 물체 표면에 닿을 듯 말 듯 가까이 가져간 바늘을 물체 표면을 따라 움직인다. 바늘을 물체에 충분히 가까이 가져가면, 터널 효과에 의해 전류(터널 전류)가 흐른다.

리가 가까워져서 전류가 커진다. 그러므로 물체 표면에 닿을 듯 말 듯 바늘을 움직이면서 터널 전류를 측정하면, 물체 표면이 원자 수준에서 어떤 형태인지를 전류의 크기로 기록할 수 있다.

나노 기술이 대표하는 현대의 정밀 기술에서는 물체를 원자 단위로 보는 기술을 빼놓을 수 없다. 광학현미경이 정밀 부품을 만드는 데 필수적인 도구였던 것처럼, 물체 표면의 원자 배치를 직접 가시화할 수 있는 주사형 터널 현미경은 현대의 정밀 기술을 뒷받침하는 필수 도구다. 현대 기술은 양자역학이 뒷받침하고 있다고 해도 과언이 아니다.

제7장

양자는 시공을
초월하여

"양자역학을 제대로 이해한 사람이 세상에
아무도 없다는 사실만큼은 자신 있게 말할 수 있다."

- 리처드 필립 파인먼

이번 장에서는 양자의 가장 본질적인 특징인 '중첩'과 '얽힘'이 무엇인지 깊이 파고들어 가자. 그렇다고는 해도 양자를 다루는 방법 자체가 새로운 것은 아니다. 중첩과 얽힘 모두 양자 상태를 상수로 곱하거나 서로 더할 수 있는 '벡터'로 표현하고, 이를 그대로 이해할 수 있다. 하지만 그 효과는 엄청나다. 왜냐하면 '양자의 영향은 거리와 시간을 초월한다.'라는 놀라운 결론을 끌어내기 때문이다.

중첩의 원리와 관측

'중첩의 원리'라고 쓰면 위압감을 느낄 수도 있지만, 전혀 특별한 것이 아니며 이제까지 계속 서술한 대로 양자 상태를 벡터로 표현한다는 기본 원리일 뿐이다. '모든 가능성이 동시에 존재할 수 있다.'라는 양자의 특

성은 일반적인 숫자로 표현할 수 없지만, 지금까지 살펴봤듯 벡터를 사용하면 있는 그대로 나타낼 수 있다. 다시 예를 든다면, '위치 x에 있다.'라는 상태와 '위치 y에 있다.'라는 상태를 각각 벡터 $|x\rangle$, $|y\rangle$로 표현하면, 그 두 점에 동시에 존재하는 (한 개의) 양자는 $|x\rangle + |y\rangle$로 표현할 수 있다. 이것이 '중첩'이다.[1] 벡터를 화살표라고 하면 이 상황은 그림 7-1처럼 그릴 수 있다. 비스듬한 방향을 향하는 화살표는 오른쪽을 향하는 화살표나 왼쪽을 향하는 화살표와 다르지만, 그것들을 합성한 것으로 중첩을 표현한다.

물론 벡터는 몇 번이라도 더할 수 있으므로, 더 많은 벡터를 더해도 상관없다. 더하는 벡터 종류도 위치 벡터뿐만 아니라, 스핀이나 다른 상태라도 상관없다. 예를 들어서, 상향과 하향 스핀이 같은 비율로 중첩해 있는 전자라면 $|\uparrow\rangle + |\downarrow\rangle$이다. 우회전 편광과 좌회전 편광이 중첩한 광자라면 $|+\rangle + |-\rangle$이다. 알파붕괴를 예로 들면, 반감기를 맞이한 방사성원소는 붕괴한 상태와 붕괴하지 않은 상태가 정확하게 같은 비율로 중첩해 있으므로 $|붕괴\rangle + |미붕괴\rangle$이다. 지겹게 들릴 수도 있지만, 이것은 '사실 정해져 있지만 모른다.'라는 것이 아니라, 그림 7-1의 비스듬한 화살표처럼 양쪽 상태가 동시에 존재하는 것이다.

여기서 양자의 중요한 특성인 **중첩 상태는 관측하면 변화한다**는 사실을 강조해 둔다. 전자의 위치를 예로 들어서 $|x\rangle + |y\rangle$라는 상태에 있는 전자를 관측하면, 50% 확률로 x 또는 y에서 전자를 발견할 수 있다. 만일

---

1 더 정확하게는 복소수 a, b를 사용해서 $a|x\rangle + b|y\rangle$처럼 중첩하는 비율을 변경할 수 있지만, 여기서는 이해하기 쉽게 이런 식으로 기술한다.

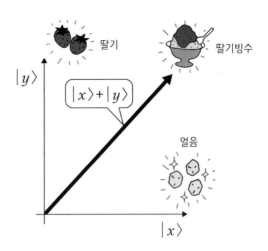

그림 7-1 상태의 중첩은 벡터 덧셈
'위치 x에 있다.'라는 상태를 벡터 $|x\rangle$, '위치 y에 있다.'라는 상태를 벡터 $|y\rangle$라고 표시하면, 그 두 점에 동시에 존재하는 (한 개의) 양자는 $|x\rangle+|y\rangle$가 된다.

전자가 위치 x에서 발견됐다면, 관측한 전자는 x에 있다는 것이 확정된 것이다. 원래는 $|x\rangle+|y\rangle$처럼 $|y\rangle$ 성분이 중첩돼 있었으므로, 관측 때문에 중첩이 풀려서 $|x\rangle$로 확정된 것이다. 그림 7-1로 설명하면, 관측 전에는 비스듬한 벡터였던 전자가 관측 후에는 가로 벡터가 된 것이다. 물론 세로 벡터 $|y\rangle$가 될 가능성도 같은 확률로 있었다. 이것도 중요한 내용이라 반복하지만, 'x에서 전자가 보였다.'라는 사실 때문에 '실은 전자가 원래부터 x에 있었다.'라고 생각하면 양자역학 관점으로는 틀린 것이다. 어디까지나 '원래 x와 y에 중첩해 있었지만, 관측 때문에 어쩌다 보니 x로 확정됐다.'라고 생각해야 한다.

이것은 다른 예에서도 마찬가지라서 $|\uparrow\rangle+|\downarrow\rangle$ 상태인 전자의 각운동량을 관찰하면 50% 확률로 $|\uparrow\rangle$또는 $|\downarrow\rangle$가 되고, $|+\rangle+|-\rangle$인 편광 상태

에 있는 광자의 편광을 관측하면 50% 확률로 |+⟩ 또는 |-⟩가 되며, 반감기를 맞이한 방사성원소를 관측하면 50% 확률로 |붕괴⟩ 또는 |미붕괴⟩ 상태가 확정되는 것이다. 양자역학은 모든 상태가 중첩한 양자 상태를 다루지만, **우리가 모든 곳에 동시에 존재하는 양자를 실제로 눈으로 본 적은 단 한 번도 없다.** 이것이 양자역학이 까다로운 이유 가운데 하나라고 할 수 있다.

중첩과 불확정성 관계

한 가지만 주의하길 바란다면, 관측으로 장소가 정해진 상태는 '위치' 시점에서 보면 중첩이 해제됐지만, 다른 시점에서 보면 여전히 중첩 상태라는 점이다.

불확정성 관계가 포인트다. 128쪽에서도 서술했지만, '위치의 불확정성과 운동량의 불확정성의 곱은 플랑크 상수 이상이다.'라는 것은 위치가 완전히 확정돼서 불확정성이 제로가 되면, 운동량의 불확정성이 무한대가 된다는 의미다. 그리고 불확정성이 크다는 것은 그만큼 많은 상태가 중첩해 있다는 뜻이다. 위치가 확정된 상태는 운동량 측면에서 보면 모든 크기의 운동량을 지닌 상태가 중첩된 상태다. 그리고 128쪽에서 서술한 대로 불확정성 관계와 정준 교환관계 $[\hat{X}, \hat{P}]=i\hbar$는 표리일체다. 위치 행렬과 운동량 행렬을 교환할 수 없으므로, 위치의 중첩이 해제돼 값이 정해지더라도 운동량에 중첩이 발생하는 것이다.

이것은 스핀(각운동량)에 대해서도 성립한다. 183쪽에서 스핀을 설명했을 때는 별로 강조하지 않았지만, 회전에는 방향이 있으므로 스핀을 측정할 때는 방향을 지정해야만 한다. 회전 방향은 회전축으로 결정하므로 회전에는 x축 주위, y축 주위, z축 주위의 세 종류가 있다. 이 세 가지 회전은 순서를 바꾸면 결과가 달라진다.

y축 주위와 z축 주위로 실제 실험을 해보자. **그림 7-2** 펜 한가운데를 손가락으로 잡고, 펜 끝을 오른쪽으로 향하자. 펜이 향하는 방향을 x축, 이것과 수평인 앞 방향이 y축, 연직인 방향이 z축이다. 먼저 펜을 y축 주위로 180도 회전한다. 펜 끝이 뒤집혀서 왼쪽으로 향한다. 이어서 펜을 z축 주위로 45도 회전한다.(위에서 봤을 때 반시계 방향) 펜은 왼쪽 뒤로 비스듬하게 45도를 향한다.

이번에는 지금의 조작을 반대 순서로 해보자. 펜을 처음 상태로 돌려놓고, 가장 먼저 z축 주위로 45도 회전한다. 펜 끝은 오른쪽 앞으로 비스듬하게 45도를 향한다. 이어서 펜을 y축 주위로 180도 회전하면, 펜 끝은 왼쪽 앞으로 비스듬하게 45도를 향한다. y축 주위로 180도 회전→z축 주위로 45도 회전이라는 순서로 조작하면 왼쪽 **뒤로** 비스듬하게 45도, z축 주위로 45도 회전→y축 주위로 180도 회전 순서로 조작하면 왼쪽 **앞으로** 비스듬하게 45도를 향했다. 결과가 달라진 것을 확인할 수 있다. 다른 축 주위로 회전하는 조작은 순서를 바꿀 수 없는 것이다.

회전이 지닌 이런 특성을 반영해서 양자화된 x축 주위, y축 주위, z축 주위의 각운동량 행렬도 교환할 수 없다. 따라서 위치와 운동량을 교환할

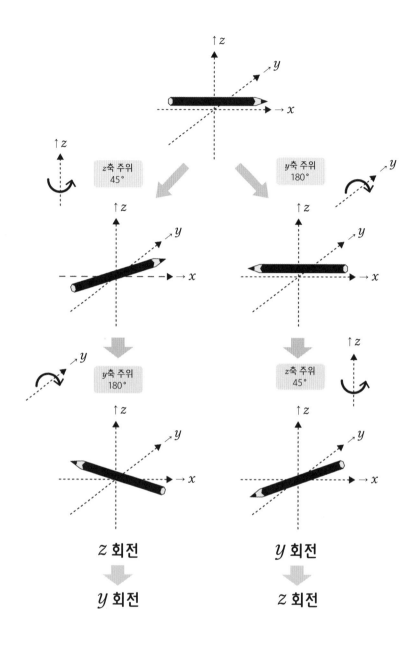

그림 7-2 각운동량의 불확정성 관계를 확인해 본다

y축 주위와 z축 주위의 회전 순서를 바꿔서 실행해 보면 결과가 달라진다.

수 없는 것이 불확정성 관계의 본질이었던 것과 같은 이치로 x축 주위, y축 주위, z축 주위의 각운동량 사이에 불확정성 관계가 발생한다. 즉 어떤 축 주위의 각운동량 불확정성이 적어지면, 다른 축 주위의 각운동량 불확정성이 커진다. 그 결과, 어떤 축 주위의 각운동량이 확정된 상태는 다른 축 주위에서 보면 중첩 상태가 된다. 예를 들어서 스핀 1/2인 양자의 z축 주위의 스핀이 상향으로 확정되면, 이 양자의 x축과 y축의 스핀은 완전히 불확정돼 상향과 하향이 50%씩 중첩하게 된다.

슈뢰딩거의 고양이와 관측 문제

이런 '중첩'이나 '확률'이라는 사고방식이 바로 받아들여진 것은 아니다. 예를 들어 슈뢰딩거 방정식을 발견한 슈뢰딩거 본인이 이런 사고방식을 강렬하게 비판했다. 중첩이라는 사고방식이 애초부터 틀렸다고 했다. 그가 전개한 논증이 그 유명한 '슈뢰딩거의 고양이'라는 (잔인한) 사고실험이다.

우선 뚜껑을 덮으면 내부 상황을 절대로 알 수 없는 튼튼한 상자를 준비한다. 그 안에 반감기가 한 시간인 방사성원소 한 개와 고정밀 방사선 감지기를 넣는다. 이 감지기에는 독가스 분출기를 연결해서 방사선이 검출되면 상자 안에 독가스를 분사한다. 이 상자 안에 고양이 한 마리를 넣은 후, 뚜껑을 닫고 한 시간 기다린다는 것이 슈뢰딩거가 고안한 사고실험이다. 고양이를 좋아하는 사람에게는 정말 괴로운 일이지만, 슈뢰딩거가 나쁜 사람이라고 마음을 단단히 먹고 이 실험에서 어떤 일이 발생하는지를 생각해 보자.

먼저 방사성원소가 붕괴했다면 알파입자가 검출되므로, 센서가 반응해서 독가스가 분사돼 고양이는 죽을 것이다. 한편, 방사성원소가 붕괴하지 않으면 아무 일도 일어나지 않아서 고양이는 살아 있을 것이다.

여기까지는 괜찮은데, 이 사고실험의 포인트는 반감기를 맞이한 방사성원소가 관측 전에는 |붕괴⟩+|미붕괴⟩라는 중첩 상태에 있다는 점이다. 붕괴=죽은 고양이, 미붕괴=살아 있는 고양이라는 일대일 대응이 성립하는 한, 관측 전의 고양이는 |사망⟩+|생존⟩이라는 중첩 상태에 있게 된다. 그리고 이 경우, 관측이란 상자를 여는 것이다. 즉 상자를 열기 전의 고양이는 생사가 확정되지 않고 중첩해 있다가, 상자를 열어서 고양이를 관측한 순간 중첩이 해제돼 그 순간에 고양이의 생사가 확정된다는 것일까? 슈뢰딩거는 다음과 같이 주장했다.

양자에 중첩 상태라는 상태가 있다고 인정해 버리면, 고양이의 생사라는 일상적인 개념에도 중첩 상태가 존재한다. 한편 일상 세계는 확정적인 고전물리학의 세계이므로, 중첩 상태는 존재하지 않는다. 이것은 서로 모순이므로 양자 중첩은 틀린 해석이다.

이 주장에서도 알 수 있듯이 이 사고실험은 처음부터 중첩이나 확률 해석을 비판할 목적으로 제시한 것이다. 하지만 중첩이 실험적으로도 인정받은 지금, 슈뢰딩거의 고양이 사고실험은 그 의미가 바뀌었다. 예를 들어서, 이 경우의 관측이란 정말 뚜껑을 여는 것일까? 이 부분에는 논의의 여지가 있다. 필자는 이런 주장을 하지 않지만, '관측을 시도한' 사람의 생각이 양자에 작용해서 중첩이 해제된 것이라고 주장하는 사람도 있다.

다른 시점에서 본다면 감지기 자체도 많은 양자로 이뤄져 있으므로, 감지기가 작용할 때는 양자 사이의 상호 작용이 무수히 관여한다는 점을 주목해야 할 것이다. 많은 양자와 상호 작용이 일어났고, 이것이야말로 중첩 상태를 해제하는 주요 원인이라는 것은 그럴듯한 시나리오다. 어느 쪽이든 이런 사고실험은 **관측이란 무엇을 가리키며, 양자역학과 고전역학의 경계는 어디에 있느냐**는 논의에서 최고의 시금석이다.

이처럼 어떤 프로세스를 거친 관측으로 상태가 확정되느냐는 문제는 '관측 문제'라 불리는 미해결 문제이며, 현재는 정보과학 분야도 끌어들여서 활발하게 논의를 계속하고 있다. 이 책에는 상세한 내용을 소개할 여유가 없지만, 양자역학에서 관측이란 어떤 것인지를 논의할 때 열쇠가 되는 것이 지금부터 설명하는 '얽힌 상태'다. 이 개념은 다음 장에서 소개하는 양자 계산에서도 중심적인 역할을 한다.

얽힌 상태

전자의 스핀을 예로 생각해 보자. 이야기를 단순하게 만들기 위해 당분간 스핀을 측정하는 방향을 z축 방향으로 고정하자.

각각 A, B라는 위치에 있는 두 전자가 각각 상향·하향 스핀을 지니는

상태는 $|\uparrow\rangle_A|\downarrow\rangle_B$ 처럼 나타낼 수 있다. 물론 위치 A, B를 반전한 상태는 $|\downarrow\rangle_A|\uparrow\rangle_B$ 이다. 두 전자는 구별되지 않으며, 장소를 바꾸면 부호가 바뀌는 페르미온이므로, 두 전자는 179쪽에서 설명한 '반대칭'인 상태 벡터로 표현할 수 있다. 따라서 '스핀이 서로 다른 전자가 위치 A, B에 있다.'라는 상태는 $|\uparrow\rangle_A|\downarrow\rangle_B-|\downarrow\rangle_A|\uparrow\rangle_B$ 라는 중첩 상태다.[2] 아무렇지 않은 듯이 기술했지만, 사실 이 상태는 매우 재미있는 특성을 보인다.

만일 두 양자 상태를 $|a\rangle|b\rangle$라고 기술할 수 있다면, 한쪽 양자는 $|a\rangle$ 다른 한쪽은 $|b\rangle$이다. 이때 한쪽 양자가 $|b\rangle\rightarrow|c\rangle$처럼 변화했다고 해도 전체 상태가 $|a\rangle|c\rangle$가 될 뿐이며, 다른 한쪽 양자에는 영향을 주지 않는다. 두 양자가 있다고 해도 서로 독립된 것이다.

그런데 앞의 두 전자 상태 $|\uparrow\rangle_A|\downarrow\rangle_B-|\downarrow\rangle_A|\uparrow\rangle_B$ 는 절대로 $|a\rangle_A|b\rangle_B$ 처럼 쓸 수 없다. 이것은 간단히 확인할 수 있다. 전자의 스핀에는 상향과 하향뿐이므로, 위치 A에 단독으로 있는 전자 상태는 반드시 $|a\rangle_A=a_1|\uparrow\rangle_A+a_2|\downarrow\rangle_A$라고 기술할 수 있다. 위치 B에 단독으로 있는 전자의 상태도 마찬가지로 $|b\rangle_B=b_1|\uparrow\rangle_B+b_2|\downarrow\rangle_B$이다. 그러면 각 전자가 단독으로 위치 A, B에 있는 상태는 두 상태의 곱셈으로 표현되므로, $|a\rangle_A|b\rangle_B=a_1b_1|\uparrow\rangle_A|\uparrow\rangle_B+a_1b_2|\uparrow\rangle_A|\downarrow\rangle_B+a_2b_1|\downarrow\rangle_A|\uparrow\rangle_B+a_2b_2|\downarrow\rangle_A|\downarrow\rangle_B$가 된다.

이것이 $|\uparrow\rangle_A|\downarrow\rangle_B-|\downarrow\rangle_A|\uparrow\rangle_B$와 같아지는 일은 있을 수 없다. 왜냐하면 우변이 $|\uparrow\rangle_A|\downarrow\rangle_B-|\downarrow\rangle_A|\uparrow\rangle_B$이 되려면, 기본적으로 $a_1b_1|\uparrow\rangle_A|\uparrow\rangle_B=0$

---

2 정확하게는 $\frac{1}{\sqrt{2}}(|\uparrow\rangle_A|\downarrow\rangle_B-|\downarrow\rangle_A|\uparrow\rangle_B)$이지만, 전체의 계수는 본질이 아니므로 그다지 신경 쓰지 않기로 하자.

이어야만 하고, 그러려면 a_1과 b_1 가운데 하나가 제로여야 한다. 그렇게 되면, 우변에 포함된 $a_1b_2|\uparrow\rangle_A|\downarrow\rangle_B$이나 $a_2b_1|\downarrow\rangle_A|\uparrow\rangle_B$ 중 하나가 사라져 버리기 때문이다. 어느 쪽이 사라지더라도 우변은 $|\uparrow\rangle_A|\downarrow\rangle_B-|\downarrow\rangle_A|\uparrow\rangle_B$이될 수 없다.

즉 $|\uparrow\rangle_A|\downarrow\rangle_B-|\downarrow\rangle_A|\uparrow\rangle_B$는 더 분리할 수 없는 상태다. 말 그대로 둘이서 하나인 것이다. 이처럼 여러 양자 상태임에도 한 입자 상태의 곱으로 분리할 수 없는 상태를 '얽힌 상태'라고 부른다.(양자가 맞물린 상태, entanglement라고도 한다.) 이런 상태는 고전적인 입자에서는 절대로 있을 수 없으므로 일반적인 단어로는 표현할 수 없지만, 굳이 말하자면 여러 양자인데도 전체가 단단하게 연결된 한 덩어리인 존재를 만들고 있는 것 같은 이미지다. 중첩 상태와 함께 양자에서만 나타나는 특징적인 존재다.

시공을 초월하는 얽힘

이 내용이 얼마나 고전물리학의 상식에서 떨어져 있는지를 보기 위해 얽힌 두 전자를 멀리 떨어트려보자. 예를 들어서 도쿄에서 만든 얽힌 전자를 남북으로 보내서 한쪽은 홋카이도에서 스키를 즐기는 친구가, 다른 한쪽은 오키나와에서 다이빙을 즐기는 여러분이 받았다고 하자.

다이빙 도중에 갑자기 전자를 받아든 여러분은 왠지 모르게 그 전자의 스핀을 측정했다고 하자.(세세한 것을 신경 쓰지는 말자.) 얽힌 전자 상

태는 $|\uparrow\rangle_{오키나와}|\downarrow\rangle_{홋카이도}-|\downarrow\rangle_{오키나와}|\uparrow\rangle_{홋카이도}$이므로, 오키나와에 있는 여러분은 50%의 확률로 상향, 50%의 확률로 하향 스핀을 측정한다. 이번에는 '상향'이라는 결과가 됐다고 하자. 중첩 상태는 관측하면 해제되므로, 관측 후의 상태는 $|\uparrow\rangle_{오키나와}|\downarrow\rangle_{홋카이도}$가 된다.

큰일이 생겼다는 것을 알아차렸는가? 무려 **여러분이 오키나와에서 스핀을 관측한 결과, 홋카이도에 보낸 전자의 스핀까지 하향으로 정해져 버린 것이다!** 이것은 한순간에 일어난 일이다. 여러분은 자신이 받은 전자가 상향 스핀이라고 알게 된 것과 동시에 홋카이도에 보낸 전자의 스핀이 하향이라는 것을 알게 된다. 그리고 홋카이도에서 활강 중인 친구가 (여러분의 측정 후) 스핀을 관측하면, 결과는 100% 하향으로 나온다.

놀랍게도 여러분은 하향 스핀을 측정할 가능성도 있었다. 그 경우라면 홋카이도의 전자는 상향 스핀으로 확정되고, 친구가 측정한 결과는 100% 상향으로 나온다. 물론 여러분이 다이빙에 빠져 있어서 전자를 신경 쓰지 않으면, 전자는 여전히 얽힌 상태를 유지한다. 그러면 홋카이도의 친구가 측정한 결과는 50% 확률로 상향 또는 하향이 되고, 그 결과에 따라 여러분이 가진 전자의 스핀이 정해진다. 양자역학의 예측을 액면 그대로 받아들인다면, 오키나와(홋카이도)에서 측정한 영향이 잠깐의 지연도 없이 홋카이도(오키나와)의 전자에 영향을 준다.

아인슈타인의 반론

이 결론에 가장 격한 반론을 전개한 사람이 아인슈타인이다. 아인슈타인은 국소 원리, 즉 '자연계의 상태는 떨어진 곳의 환경과는 관계없이 정해진다.'라는 생각을 신념으로 지니고 있었다. 상대성이론으로 광속보다 빨리 정보가 전해질 수 없다는 것을 발견한 아인슈타인으로서는 거리와 시간을 모두 뛰어넘어서 관측의 영향이 한순간에 전해진다는 해석을 받아들일 수 없었을 것이다.

한편 아인슈타인은 그 시절 양자역학을 가장 깊이 이해한 인물 중 한 사람이기도 했다. 광양자가설을 제창해서 양자로 가는 길을 개척한 것이 다름 아닌 아인슈타인이기 때문이다. 양자역학이 지극히 미세한 자연현상을 잘 설명할 수 있다고 누구보다 잘 이해하고 있었다. 이처럼 양쪽의 관점을 지니고 있던 아인슈타인은 중첩이나 확률 해석을 동반한 양자역학이 자연계를 해석하기는 하지만, 어떤 조각이 부족해서 불완전한 이론이라고 생각했다.

얄궂게도 천재 아인슈타인이 진지하게 양자역학을 공격한 덕분에 양자역학은 강력하게 단련돼 확고한 것이 됐다. 그 경위는 한번 살펴볼 가치가 있다. 오키나와와 홋카이도로 전자를 보낸 사고실험의 특징은 다음 두 가지로 집약할 수 있다.

① 전자의 스핀을 어느 방향으로 측정해도 50% 확률로 상향, 50% 확

률로 하향을 관측할 수 있다.

② 여러분과 친구가 같은 방향으로 스핀을 측정하면, 두 사람이 측정한 결과는 반드시 반대로 나온다.

이 결과를 관측하기 전의 전자는 $|\uparrow\rangle_{오키나와}|\downarrow\rangle_{홋카이도} - |\downarrow\rangle_{오키나와}|\uparrow\rangle_{홋카이도}$ 라는 중첩 상태에 있지만, 관측하면 중첩이 해제돼 확률론적으로 상태가 확정된다. 이렇게 해석하는 것이 양자역학 방식이다.

국소성을 신봉하는 아인슈타인이 보기에 이런 해석은 있을 수 없다. 이것을 인정해 버리면, 오키나와에서 관측한 결과가 멀리 떨어진 홋카이도에 있는 전자에 바로 영향을 주는 것이 되기 때문이다. 실험 결과는 존중하면서 양자역학의 '중첩'을 부정한다면, 남는 가능성은 하나뿐이다. 도쿄에서 전자가 날아간 순간에 오키나와(홋카이도)를 향한 전자의 스핀이 이미 정해져 있었다는 것이다. 즉 도쿄에서 만들어진 상향·하향 스핀을 지닌 전자쌍 가운데 한쪽이 오키나와, 다른 한쪽이 홋카이도로 날아갔기 때문이라고 생각하면 된다.

중첩 해석과의 차이는 스핀 방향이 정해져 있지만 알 수 없다고 생각하는 점이다. 이렇게 생각하면 오키나와와 홋카이도의 스핀이 반대 방향이 되는 것은 당연하다. 왜냐하면 두 전자의 스핀은 항상 반대 방향이고, 그중 하나가 날아간 것뿐이기 때문이다. 오키나와(홋카이도)에서 상향·하향이 반반 비율로 측정되는 것은 상향 스핀을 지닌 전자가 오키나와와 홋카이도 중 어디로 날아갈지를 실험으로 조절할 수 없기 때문으로 이해할 수 있다. 이것은 동전의 앞면이 나올지 뒷면이 나올지가 실제로 던진 순간에 정해지지만, 그 역학 프로세스가 지나치게 복잡해서 조절할 수 없으므로 마치 랜덤한 것으로만 보이는 것과 같다. 즉 언뜻 보기엔 확률적인 현상이 일어나는 것 같지만, 그 배후에는 복잡한 원리('숨은 변수'라고 부른다.)가 있어서 얼핏 랜덤하게 보일 뿐인 것이다.

더 말하자면, 국소성을 가정하면 221쪽에서 서술한 'z축 주위의 스핀이 확정돼 있을 때는 x축이나 y축 주위 스핀은 중첩 상태가 된다.'라는 결론도 있을 수 없다. 이것은 오키나와와 홋카이도에서 스핀을 측정한 방향을 바꾸면 알 수 있다. 오키나와에서 여러분이 z축 방향으로 측정해서 상향이라는 결과를 얻었다고 하자. 한편 홋카이도에 있는 친구는 x축 방향으로 측정해서 하향이라는 결론을 얻었다고 하자. 이때 국소성을 가정한다면 홋카이도의 측정 결과는 오키나와의 결과에 영향을 줄 수 없다.

여러분이 오키나와에서 z축 방향으로 측정한 것은 우연이며 x축 방향으로 측정할 가능성도 있었다고 생각하면, 여러분이 친구와 마찬가지로 x축 방향으로 측정했다고 했을 때, 그 결과는 100% 상향이었을 것이다. 이 것은 여러분이 있는 곳으로 온 전자는 x축 방향과 z축 방향 양쪽으로 확정된 상향 스핀을 지닌 것을 의미하므로, 불확정성 관계로부터 결론 내린 '양자의 중첩'이라는 결론과 정면에서 대립한다. **국소성을 가정한다면, 중첩도 불확정성도 있을 수 없는 것**이 된다. 아인슈타인은 공동 연구자인 포돌스키, 로젠과 함께 이런 주장을 정리해서 국소성과 양립하지 않는 양자역학은 불완전한 것이라는 주장을 전개했다. 1935년의 일이다. 이것은 오늘날 세 사람 이름의 머리글자를 따서 EPR 패러독스라 부른다.

벨 부등식과 양자역학의 승리

　오키나와로 날아온 전자의 스핀은 양자역학이 주장하는 것처럼 관측할 때까지는 확정되지 않는 것일까? 아니면 아인슈타인이 주장한 것처럼 파악할 수 없는 원리가 있을 뿐으로 사실은 사전에 정해져 있었던 것일까?

　이것은 얼핏 보기에 과학의 질문이 아닌 것 같다. 왜냐하면 어떤 가정을 하더라도 실험 결과를 설명할 수 있기 때문이다. 이것도 반복해서 말하는 내용이지만, 과학의 목적은 철두철미하게 현상을 합리적으로 설명하는 것이다. 현상을 설명하는 방법이 두 종류 있다고 해도 어느 쪽이 옳은지를 원리적으로 판정할 수 없다면, 어느 쪽이 옳은지에 관한 논의도 의미가 없다. 고작해야 선호하는 방법을 골라 달라는 것이 한계다. 양자역학과 EPR 패러독스 사이의 논쟁도 오랫동안 그렇게 여겨졌다.

　하지만 이것은 큰 잘못이었다. EPR 패러독스가 제시된 후 30년 가까이 지난 1964년에 물리학자 존 스튜어트 벨은 어느 쪽이 옳은지를 실험적으로 확인할 방법이 있다는 것을 알아차렸다. 벨의 아이디어는 약간 복잡하지만, 고등학교에서 배우는 확률 지식만으로 이해할 수 있으므로 여기서 설명하겠다.

　먼저 홋카이도에 있는 친구는 x축 방향, 오키나와에 있는 여러분은 y축 방향으로 측정한다고 하자. 그 결과 친구의 측정 결과는 '하향', 여러분의 측정 결과는 '상향'이었다고 하자. 측정 방향이 같으면 두 전자의 스핀은 반드시 반대 방향이므로, 친구의 측정 결과가 '하향'이었다는 것은 여러분의 전자의 x축 방향 스핀이 상향이라는 것을 의미한다. 그래서 여러분은 이 결과를 'x축 방향으로도 y축 방향으로도 상향'이라고 기록한다고 하자.[3] 이 측정을 여러 번 반복해서 데이터를 많이 모으면, 이 현상이 일어날 확률을 알 수 있다. 이 현상이 일어난 횟수를 실험 데이터 총수로 나누면 된다. 이렇게 해서 얻은 'x축 방향으로도 y축 방향으로도 상향일 확률'을 $P(x_+, y_+)$로 기술하기로 하자. +가 상향을 의미한다. 나중에 등장하지만, 하향은 −로 표시한다.

자, 여기서부터가 중요하다. 여러분은 x도 y도 아닌 방향(ϕ 방향이라고 하자.)으로 측정할 수도 있었을 것이다. 이렇게 생각해 보자.

x축 방향으로도 y축 방향으로도 상향이었을 때, ϕ 방향의 스핀은 상향 또는 하향 중 하나였을 것이다. 얼핏 보면 아무런 문제가 없을 것 같다. 하지만 사실, 이 추론은 국소성을 전제로 한다. 왜냐하면 **양자역학이 옳다면 여러분의 측정으로 y축 방향의 스핀이 확정됐을 때, ϕ 방향의 스핀은 중첩 상태에 있어서 정해지지 않기 때문이다.** '중첩'과 '사실은 정해져 있지만 알 수 없는 상태'는 다르다. 지금 목적은 국소성이 옳다면 어떤 일이 일어나는지를 보는 것이므로, 지금은 이 추론을 밀고 나가자.

이 추론이 옳다면 'x축 방향으로도 y축 방향으로도 상향'이라는 현상은 'x축 방향으로도 y축 방향으로도 상향이고, ϕ 방향으로 상향'이라는 현

---

3 물론 편의상 이렇게 기술한 것이다. 양자역학이 옳다면 x 방향과 y 방향의 스핀이 동시에 확정될 일은 없다.

상과 'x축 방향으로도 y축 방향으로도 상향이고, ϕ 방향으로 하향'이라는 현상의 합집합이다. 그러므로 $P(x_+, y_+) = \underline{P(x_+, y_+, \phi_+)} + P(x_+, y_+, \phi_-)$ 가 된다. 뭔가 있는 것처럼 밑줄을 그은 이유는 곧 알 수 있다.

약간 일방적이긴 하지만 같은 고찰로부터 친구가 y축 방향, 여러분이 ϕ 방향으로 측정해서 오키나와의 전자가 'y축 방향으로 하향, ϕ 방향으로 상향'이라는 결과가 나올 확률은 $P(y_-, \phi_+) = \underline{P(x_+, y_-, \phi_+)} + P(x_-, y_-, \phi_+)$ 이다.

친구가 x축 방향, 여러분이 ϕ 방향으로 측정해서 'x축 방향으로도 ϕ 방향으로도 상향'이라는 결과가 나올 확률은 $P(x_+, \phi_+) = \underline{P(x_+, y_+, \phi_+)}$ $+ \underline{P(x_+, y_-, \phi_+)}$ 라고 기술할 수 있다.

비슷하게 보이는 세 식이 등장했는데, 밑줄을 그은 항을 비교해 보면, 마지막 식의 우변에 등장하는 두 항이 처음 두 식의 우변에 하나씩 등장하는 것을 알 수 있다. 확률은 반드시 양수이므로, 선이 그어지지 않은 항은 반드시 양수다. 그러므로 처음 두 식의 좌변을 더한 것은 선을 긋지 않은 항이 있는 만큼 마지막 식의 좌변보다 반드시 커져야 한다.

$P(x_+, \phi_+) \leq P(x_+, y_+) + P(y_-, \phi_+)$ 이것이 원했던 결과이며 '벨 부등식'이라 부른다. 강조하지만, 이 결론은 국소성을 전제로 한다. 즉 양자역학이 틀렸고 국소성이 옳다고 한다면, 벨 부등식이 반드시 성립한다. 그런데 같은 내용을 양자역학으로 고찰하면, ϕ 방향을 잘 고르면 이 부등식을 거스르는 결과를 보여줄 수 있다.

다음 내용이 중요한데, 이 식에 등장하는 세 가지 확률은 실험으로 측정할 수 있다. 측정 방향을 정하고, 날아온 전자의 스핀을 측정해서 그 숫자를 기록하는 것뿐이다. 즉 실험에서 벨 부등식이 성립하면 아인슈타인의 승리, 벨 부등식이 성립하지 않으면 양자역학의 승리라는 의미다. **얼핏 보면 과학적으로는 의미 없는 해석론이라고 생각했던 두 이론이 실험으로 옳고 그름을 따질 수 있는 문제라는 것이 밝혀진 것이다!**

이 부등식을 검증한 실험은 1975년부터 1982년에 걸쳐 프랑스 물리학자 알랭 아스페가 진행했다. 결과는 놀랍게도 양자역학의 예언대로 벨 부등식이 성립하지 않았다. 이것은 정말 놀라운 일이었다. 왜냐하면 양자역학의 배후에 있는 확률은 우리가 조절할 수 없는 '숨겨진 변수' 때문에 그렇게 보이는 것이라는 안일한 생각을 단칼에 부정했기 때문이다. 특히 벨 부등식을 유도할 때 사용한 유일한 가정인 '관측하지 않은 스핀은 상향 또는 하향일 것이다.'라는 상식적으로 당연한 추론이 부정된 것은 강렬했다. 이 실험 결과는 **양자역학이 시사하는 기묘한 특성을 자연계의 본질로 인정해야 한다**는 뜻이다. 물론 양자역학이 예측하는 '오키나와에서의 관측이 홋카이도의 전자 상태를 확정한다.'라는 기묘한 현상도 액면 그대로 받아들여야만 했다. **양자의 얽힘은 정말 시공을 초월한다.**

상대성이론의 위기?

마지막으로 하나만 덧붙이겠다. 이 결론을 보고 '정보가 광속보다 빠르게 전달되지 않는다.'라는 아인슈타인의 상대성이론이 양자 세계에서는 틀렸다고 생각할 수도 있지만, 사실은 그렇지 않다. **양자 상태가 확정되는 것과 정보가 전달되는 것은 다른 개념이다.**

예를 들면, 지구에서 230만 광년 너머에 있는 안드로메다 은하의 외계인과 여러분이 얽힌 전자의 조각을 대량으로 가지고 있다고 하자. 이를 사용해서 외계인에게 정보를 보내려고 '스핀이 상향이면 0, 스핀이 하향이면 1'이라는 규칙을 정한다. 이 상태에서 여러분이 지구에서 전자의 스핀을 결정하면, 230만 광년 너머에 있는 외계인이 가진 전자의 스핀은 즉시 결정된다. 얼핏 보기에 거리 따위 아무것도 아닌 초광속 통신이 완성된 것처럼 보인다.

하지만 잘 생각해 보자. 여러분이 전자의 스핀을 측정했다고 해도, 상향인지 하향인지는 완전히 무작위다. 0을 보내고 싶다고 생각했을 때, 생각대로 상향 스핀이 관측된다고는 단정할 수 없다. 여러분 자신이 무작위인 0과 1의 열을 관측했으므로, 외계인 자신이 가진 전자의 스핀을 순서대로 관측해도 0과 1이 무작위적으로 늘어선 열로 나타날 뿐이다. 더 말하자면, 외계인은 여러분이 사전에 스핀을 측정했는지 어떤지를 알 방법이 없다. 이렇게 나타난 무작위 열이 여러분이 측정한 결과인지, 아니면 자신이 중첩 상태의 전자를 관측한 결과인지를 구별할 수가 없다. 어느 경우이든 관측으로 중첩이 해제된 것뿐이라면 정보는 전해지지 않으므로, 양자역학의 얽힘에 거리와 관계없는 상관관계가 있다고 해서 상대성이론의 근간이 흔들릴 일은 없다. 양자역학과 상대성이론은 절묘한 부분에서 공존을 유지하고 있다.

제8장

우주의 계산기
양자컴퓨터

"문제를 생각한 사고방식으로는 문제를 해결할 수 없다."

- 알버트 아인슈타인

양자를 둘러싼 긴 여정도 이제 끝이 보인다. 마지막으로 양자의 특성을 최대한 이용해야만 비로소 가능한 '양자 계산'과 그것을 실행하는 장치인 '양자컴퓨터'에 대해 이야기하겠다. 이제까지 소개한 예에서는 자연현상의 배후에 양자의 특성이 얼핏 보였을 뿐이지만, 이제부터 이야기하는 양자컴퓨터는 양자 이론을 직접 사용하는 계산기다. 말하자면, 우주 시뮬레이터다. 양자에 대한 이야기를 마무리하기에 딱 좋은 주제라고 생각한다.

'계산'이란 무엇일까?

양자 계산으로 들어가기 전에 애당초 계산이란 무엇인지를 생각해 보자. '계산'이라는 말을 들으면 가장 먼저 초등학교 시절에 배운 정수 덧셈과 곱셈이 떠오를 것이다. 물론 숫자에는 소수와 분수도 있고, 학년이 올라가면 무리수도 배운다. 계산 방법도 미적분처럼 덧셈과 곱셈보다 수준 높은 방법도 많이 있다. 한 마디로 계산이라고 해도 그 실태는 복잡하다.

잘 생각해 보면, 수준 높은 계산 방법을 포함해서 계산은 전부 정수 계산을 확장한 것이다. 예를 들어서, 소수 계산은 본질적인 측면에서 보면 정수 계산과 같다. 모든 분수는 소수로 기술할 수 있고, 무리수도 원하는 자릿수까지 소수로 근사치를 구할 수 있으므로, 온갖 숫자의 사칙연산은 정수 사칙연산에서 출발한다. 미적분도 세세하게 나눈 숫자에 사칙연산을 실행하는 것뿐이므로, 결국은 정수 계산으로 귀결된다. **계산이란 결국 정수 조작일 뿐이다.**

정수 조작을 실행할 방법이 있다면, 그것을 적절한 규칙에 따라 조합하면 일정한 근사치 범위 안에서 어떤 계산도 실행할 수 있다. 우리가 종이와 연필로 하는 계산의 경우, 초등학교에서 배운 정수 사칙연산 방법이 '정수 조작을 실행할 방법'에 해당한다. 그리고 이 방법을 어떤 식으로든 자동화하면 계산기, 즉 컴퓨터가 된다.

고전적인 계산

그렇다면 정수란 무엇일까? '1, 2, 3……이라는 그거 아냐?'라고 생각할 것이다. 정답이다. 다만, 평소에 익숙한 10진수 표시는 많은 사람의 양손 손가락 개수가 합쳐서 10개라는 사실에서 유래한 것으로 인간의 형편에 맞춘 방법이다. 정수 하나를 표시하려고 '0, 1, 2, 3, 4, 5, 6, 7, 8, 9'처럼 10개나 기호를 사용하는 것은 어떤 의미에서는 낭비다. (그 대신 자릿수를 절약할 수 있는 것은 틀림없다.) 계산이란 결국, 숫자를 나타내는 기호를 다른 기호로 변환하는 조작이므로, 계산을 자동화하고 싶으면 기호 개수를 가능한 한 줄이고, 변환 규칙을 단순화해야 한다.

가장 적합한 것은 모든 정수를 0과 1로만 표현하는 2진수다. 우리가 초등학교에서 구구단이라는 $9 \times 9 = 81$개나 되는 방대한 표를 기억해야만 했던 것은 기호 개수가 10개나 있기 때문이다. (사실은 $10 \times 10 = 100$개 필요하지만, 0단은 자명하므로 기억할 필요가 없다.) 이것이 '곱셈'이라는 이름의 '기호 변환 규칙'이다. 만일 우리가 손가락 10개가 아니라, 팔 2개로 숫자를 헤아리는 문화를 발전시켰다면, 모든 숫자는 0과 1로 표시돼서 '구구단' 대신에 '일일단'을 배웠을 것이다. 2진수 계산을 직접 해보면 알 수 있는데, 2진수 곱셈은 아무리 자릿수가 증가해도 (0을 곱하면 0이 되는 것은 당연하므로) $1 \times 1 = 1$과 2진수 덧셈만으로 계산할 수 있다. 10진법보다 훨씬 간단하다.

이런 2진법 정수를 보존하기 위한 전통적인 장치가 208쪽에 등장한 비트, 즉 0과 1을 수합할 수 있는 상자다. 1비트로 표현할 수 있는 정수는 0과 1 두 가지. 2비트로 표현할 수 있는 정수는 00, 01, 10, 11 네 가지이며, 이것을 10진수로 표현하면 0, 1, 2, 3이다. 비트 개수가 커질수록 표현할 수 있는 정수도 증가하므로, 예를 들어 64비트라면 0부터 2^{64}까지의 정수를 표현할 수 있다. 이것은 10진법으로 약 1,845경이라는 거대한 정수

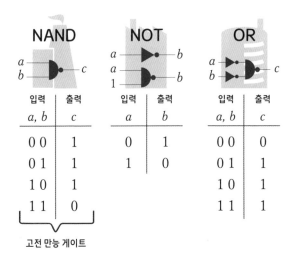

NAND		NOT		OR	
입력	출력	입력	출력	입력	출력
a, b	c	a	b	a, b	c
0 0	1	0	1	0 0	0
0 1	1	1	0	0 1	1
1 0	1			1 0	1
1 1	0			1 1	1

고전 만능 게이트

그림 8-1 고전 만능 게이트 NAND와 그것들을 조합해서 만든 NOT와 OR

다. 하지만 아무리 거대한 정수라도 어차피 비트의 집합이므로, 비트에 들어 있는 0과 1이라는 숫자를 자유롭게 조작할 수 있으면, 어떤 계산이라도 표현할 수 있다.

이 아이디어를 구체화해서 입력한 두 비트 양쪽이 모두 1일 때는 0을, 그 외의 경우라면 1을 출력하는 NAND라는 조작을 조합하면, 어떤 2진수 계산도 표현할 수 있다. 이는 수학적으로도 증명된다. 예컨대 입력한 1비트를 반전하는 NOT이라는 조작은 자주 사용하는데, 이는 NAND 입력 하나를 1로 고정하면 실현할 수 있다. 다른 예로는 OR, 즉 입력한 두 비트 양쪽이 0이면 0을, 그 외의 경우라면 1을 출력하는 조작은 양쪽 입력에 NOT 조작 후, NAND 조작을 하면 실현할 수 있다. 그림 8-1을 보면서 실제로 확인해 보길 바란다.

NAND처럼 비트 조작의 기본이 되는 조작을 **(고전) 만능 게이트**라고 부른다. 어떻게든 만능 게이트만 만들 수 있으면, 그것들을 조합해서 어떤 비트 계산이라도 실현할 수 있다. 이것이 현재 주류인 컴퓨터의 기본적인 사고방식이며, '고전적인 계산'이라 부른다. 여러분이 평소에 사용하는 컴퓨터와 스마트폰은 물론이고, 비디오 게임기와 전 세계에서 연산 속도를 겨루는 슈퍼컴퓨터도 모두 이런 사고방식을 바탕으로 계산을 처리하는 고전 계산기다.

양자비트의 등장

초등학교 이후로 줄곧 익숙한 계산을 그대로 실현한 이 방법을 '고전'이라고 부르는 것은 계산의 전제인 사고방식이 상식적인 고전물리학의 세계관을 바탕으로 하기 때문이다. 몇 번이나 서술한 대로 고전물리학은 입자가 x에 있다거나 속도 v로 움직이고 있다는 식으로 상태가 한 가지로 확정된 것을 대전제로 한다. 그런 의미에서 0과 1이라는 확정적인 상태인 비트를 사용해서 숫자를 나타내는 고전적인 계산은 고전물리학과 통하는 바가 있다. 그리고 여기까지 읽어서 잘 알겠지만, 우주를 움직이는 것은 양자역학이다. 고전물리학은 양자역학과 비슷한 것에 불과하다.

이런 고전적인 숫자 표현 방법에서 벗어나서 정수를 양자론적으로 표현하자는 것이 양자 계산의 출발점이자 본질적인 아이디어다. 양자론적이란 중첩 상태를 기본으로 한다. 0과 1이 확정된 상태인 '고전 비트'를 기본으로 해서 그 확정적인 변화를 사용해서 정수를 다루는 것을 고전적인 계산이라고 한다면, 0과 1의 중첩 상태인 '양자비트'를 기본으로 해서 중첩 상태와 얽힌 상태를 제어해서 정수를 다루는 것이 양자 계산이다.

이 설명만으로는 추상적으로 느껴질 수도 있지만, 우리는 이미 많은 양자비트의 예를 접했다. 예를 들어서 상향 스핀이 0, 하향 스핀이 1이라고 하면, 전자 한 개는 양자비트가 된다. 광자의 우회전과 좌회전은 양자 상태이므로 광자도 양자비트가 된다. 슈뢰딩거의 고양이에서 등장한 방사성원소도 붕괴한 상태와 붕괴하지 않은 상태가 중첩해 있으므로 (제어하기는 어렵지만) 양자비트가 될 수 있다. 즉 $|a\rangle = a_0|0\rangle + a_1|1\rangle$로 나타낼 수 있는 양자 상태를 양자비트 또는 큐비트(qubit)라고 한다. 고전 비트가 0 또는 1의 두 종류 정보를 담을 수 있는 것과 달리, 양자비트 $|a\rangle$는 (a_0, a_1)이라는 두 복소수[1]을 이용해 0과 1의 중첩 상태를 담을 수 있다.

양자비트의 위력

정수를 양자비트로 표현할 수 있는 것은 좋은 일이지만, 양자 상태는 고전적인 직감이 미치지 못한다. 일상적인 세계관을 따르는 고전 비트를

---

1 상태 벡터의 길이에는 의미가 없으므로, 정확하게 말하자면 $|a_0|^2 + |a_1|^2 = 1$로 제한된다.

대신할 만큼의 장점이 있을까? 정답을 말하자면 아주 많다. 양자비트는 고전 비트와 비교했을 때 차원이 다른 수준으로 많은 정보를 보존할 수 있기 때문이다.

준비 작업으로 1양자비트의 정보량을 계산해 보자. 양자비트는 $|a\rangle$ $=a_0|0\rangle+a_1|1\rangle$처럼 두 복소수 a_0, a_1을 사용한 0과 1의 중첩 상태이므로, 그 정보량은 복소수 2개만큼이다. 표준적으로는 복소수 하나를 나타내는 데 64바이트만큼의 정보량이 필요하므로, 1양자비트는 128바이트에 해당하는 정보량을 보존한다. 2양자비트라면, 0과 1의 조합이 네 가지이므로, $a_{00}|00\rangle+a_{01}|01\rangle+a_{10}|10\rangle+a_{11}|11\rangle$처럼 복소수 4개 분량, 즉 256바이트에 해당하는 정보량이 된다.

'고전 비트랑 별로 다르지 않네.'라고 생각했다면 큰 착각이다. 2비트로 한 번에 표현할 수 있는 것은 2진수 두 자리 정수 가운데 **한 개**뿐이다. 한편, 2양자비트는 $|00\rangle$, $|01\rangle$, $|11\rangle$, $|10\rangle$이라는 네 가지 상태가 전부 중첩해 있으므로, 2진수로 두 자리 정수 **모두를 동시에** 표현할 수 있다. 양자비트는 비트 개수가 증가하면 보존할 수 있는 정보량이 기하급수로 증가한다.

이렇게 헤아리는 방식으로 평가하면, 32양자비트는 약 275GB(기가바이트)에 해당한다. 2019년 10월에 IT 기업 구글이 양자 초월성(뒤에서 설명함)을 증명한 것 같다는 뉴스가 나왔을 때 사용했다고 여겨지는 양자 컴퓨터의 프로세서가 53양자비트다. 지금 단순 계산으로 측정한 정보량은 놀랍게도 약 576PB(페타바이트)다. 이것은 최근 컴퓨터 기록 매체의 표준적인 크기인 1TB(테라바이트)의 약 58만 배에 해당한다. 2020년 기준으로 슈퍼컴퓨터에 탑재한 메모리양을 능가한다. 이 숫자만으로 평가한다면, 이 책을 읽을 무렵에는 양자컴퓨터가 다루는 정보량은 고전 비트로는 도저히 경쟁할 수 없는 수준이 될 것이다. 다만 고전 비트와 양자비트는 본질이 다르므로, 원래 직접 비교할 수는 없다. 이 평가는 어디까지나 참고일 뿐이다.

만능 양자컴퓨터

특정 규칙을 조합해서 고전 비트로 표현한 2진수를 정해진 순서에 따라 변형하고, 목적한 계산 결과를 나타내는 고전 비트로 변형하는 과정이 고전적인 계산이었다. 이때 고전 비트의 변형에 사용하는 '정해진 순서'를 **고전 알고리즘**이라 한다. 이것과 달리 **양자비트로 표현한 0과 1의 중첩 상태를 정해진 순서로 변형하고, 구해진 양자비트에서 정보를 읽어내서 계산 결과를 내는 과정**이 양자 계산이다. 여기서 말하는 '정해진 순서'가 **양자 알고리즘**이다.

양자비트의 변형이란 무엇일까? 양자비트는 상태 벡터임을 떠올려보자. 123쪽에서 본 것처럼 상태 벡터는 행렬이 작용해서 변한다. 즉 양자비트의 변형은 상태 벡터에 적절한 (유니터리) 행렬을 적용하는 것이다. 그런 의미에서 양자 계산은 **우주의 근원적인 물리법칙을 직접 사용한 계산**이라고 해도 좋을 것이다.

고전 컴퓨터가 대성공을 거둔 것은 아무리 복잡한 비트 조작이라도

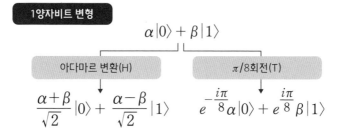

$$\alpha\,|0\rangle + \beta\,|1\rangle$$

아다마르 변환(H)

$\pi/8$회전(T)

$$\frac{\alpha+\beta}{\sqrt{2}}\,|0\rangle + \frac{\alpha-\beta}{\sqrt{2}}\,|1\rangle$$

$$e^{-\frac{i\pi}{8}}\alpha\,|0\rangle + e^{\frac{i\pi}{8}}\beta\,|1\rangle$$

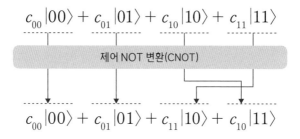

2양자비트 변형

$$c_{00}\,|00\rangle + c_{01}\,|01\rangle + c_{10}\,|10\rangle + c_{11}\,|11\rangle$$

제어 NOT 변환(CNOT)

$$c_{00}\,|00\rangle + c_{01}\,|01\rangle + c_{11}\,|10\rangle + c_{10}\,|11\rangle$$

그림 8-2 각종 양자비트의 변형을 만들어내는 양자 버전 만능 게이트

각종 양자 계산은 1양자비트 변형인 아다마르 변환과 $\pi/8$회전 및 2양자비트의 변형인 제어 NOT 변환으로 할 수 있다.

NAND라는 단순한 조작을 조합해서 표현할 수 있었기 때문이다. 그렇다면 양자역학에서 허용하는 모든 양자비트 변형을 만들어내는 양자판 만능 게이트는 존재할까? 답은 예스다. 증명은 생략하지만, 양자비트 한 개를 변형하는 '아다마르 변환'과 $\pi/8$회전, 양자비트 두 개 사이의 얽힘을 만들어내는 '제어 NOT'이라는 세 가지 조작을 조합하면, 아무리 복잡한 양자비트 변형이라도 만들어낼 수 있다.[2] **그림 8-2** 즉 이런 기본 조작을 자유롭게 실행할 수 있는 장치를 만들어내면 원리적으로는 어떤 양자비트 조작이라도 처리할 수 있다. 이런 장치를 '만능 양자컴퓨터'라고 부른다.

또한 양자컴퓨터에는 여기서 해설한 만능형 외에 특정한 용도에 특화한 '어닐링형'이 있다. 만능형과 어닐링형은 각각 장단점이 있지만, 이 책에서는 미리 언급하지 않는 한 양자컴퓨터라고 하면 만능 양자컴퓨터를 지칭하는 것으로 이해하길 바란다.

양자컴퓨터는 고전 컴퓨터의 상위 호환

이처럼 고전 컴퓨터와 양자컴퓨터는 계산 원리부터 다르지만, 전혀 관계가 없지는 않다. 고전 만능 게이트인 NAND를 양자 알고리즘으로 만들 수 있기 때문이다. 실제로 그림 8-2의 제어 NOT 변환을 조합하면 양자비트 세 개에 대해, 최초의 양자비트 둘 모두가 |1⟩ 상태일 때만 세 번째 양자비트를 반전하는 '토폴리 변환'을 만들 수 있다. 세 번째 입력을 |1⟩로 제한하면 세 번째 양자비트의 출력은 첫 두 입력이 모두 |1⟩ 상태일 때만 |0⟩, 그 외에는 |1⟩가 되므로 NAND와 같다. 양자 계산으로 고전 만능 게

---

2 정확하게 표현하자면 '임의의 양자비트 변형을 한없이 정확하게 근사할 수 있다.'이지만, 실용적인 면에서는 이 정도면 충분하다.

이트를 만들 수 있다는 것은 고전 알고리즘을 양자컴퓨터에서도 그대로 실행할 수 있음을 의미한다. 즉 양자컴퓨터는 고전 컴퓨터의 상위 호환 기종이다.

다만 두 가지를 주의해야 한다. 하나는 바로 뒤에서 설명하겠지만, 상위 호환이라고 해서 양자컴퓨터가 고전 컴퓨터보다 빠르다고 지레짐작해서는 안 된다는 점이다. 어디까지나 양자컴퓨터가 고전 알고리즘을 그대로 실행할 수 있다는 점이 여기서 말하는 '상위 호환'의 의미다.

또 하나는 양자 알고리즘을 고전 컴퓨터에서 실행할 수 없다는 것은 아니라는 점이다. 정해진 규칙에 따른 정수 조작이라면 양자 알고리즘도 고전 컴퓨터에서 재현할 수 있다. 다만 양자컴퓨터가 고전 알고리즘을 그대로 재현하는 것과 달리, 고전 컴퓨터에서 일반적인 양자 알고리즘의 한 단계를 재현하려면 몇 번이나 계산을 반복해야 한다. 그러므로 양자 알고리즘을 고전 컴퓨터에서 재현하려면, 일반적으로 계산 횟수가 양자컴퓨터의 계산 횟수보다 많다.

핵심을 말하자면, **양자 알고리즘은 중첩 상태를 사용해서 거대한 병렬 계산을 한다**고 할 수 있다. 그렇지만 양자컴퓨터가 제대로 작동하는지를 확인하려면 신뢰와 실적이 있는 고전 컴퓨터로 확인해야만 하므로, 수고스럽더라도 양자 계산을 재현할 수 있다는 사실은 중요하다.

양자컴퓨터는 고전 컴퓨터보다 빠른가?

그렇다면 양자컴퓨터는 고전 컴퓨터보다 빠를까? 답은 '**문제와 알고리즘과 기술 진보에 따라 다르다.**'이다. YES나 NO로 대답할 수 있을 것 같은 질문인데 이런 미묘한 답을 할 수밖에 없는 사정이 있다. 차례대로 살펴보자.

컴퓨터 두 대 중 어느 쪽이 빠른지를 정하려면, 두 컴퓨터에 같은 문제를 계산하게 해서 어느 쪽이 짧은 시간에 답을 내는지를 조사하면 될 것 같다. 이것은 고전 컴퓨터 사이에서는 의미가 있다. 두 컴퓨터에서 같은 알고리즘에 근거한 프로그램을 실행하면, 그 기계 본래의 성능을 비교할 수 있기 때문이다. 스포츠에 비유한다면, 두 선수가 같은 규칙으로 경쟁하는 공정한 경기와 같은 상황이다.

하지만 '계산'의 의미부터가 다른 고전 컴퓨터와 양자컴퓨터 사이에서는 상황이 다르다. 확실히 양자컴퓨터에서 고전 알고리즘을 실행할 수는 있지만, 그러면 양자컴퓨터를 사용하는 의미가 없다. 고전 알고리즘으로 계산한다면, 충실하게 설비를 갖춘 고전 컴퓨터를 사용하면 된다. 앞에서 본 것처럼 양자컴퓨터의 강점은 양자 중첩과 얽힘을 사용해서 고전 알고리즘보다 효율적인 알고리즘을 실행할 수 있다는 점이다. 그러므로 이 경쟁은 공통 문제에 대해 고전 컴퓨터는 고전 알고리즘, 양자컴퓨터는 양자 알고리즘을 사용해서 어느 쪽이 짧은 시간에 풀 수 있는지를 다투는 경쟁이다. 같은 경기인데 선수마다 적용받는 규칙이 다른 것과 같다.

이렇게 되면 '1초에 몇 번이나 계산할 수 있는지'라는 단순한 기준으로 컴퓨터의 속도를 비교하는 것은 불가능하다. 예를 들어서 고전 컴퓨터가 1초에 100회, 양자컴퓨터가 1초에 10회 계산할 수 있다 치자. (사실은 훨씬 더 빠르지만) 단순히 생각하면 고전 컴퓨터의 승리다. 하지만 만일 어떤 문제를 푸는 데 필요한 계산 횟수가 고전 알고리즘으로는 1만 회, 양자 알고리즘으로는 100회라고 하면, 이 문제를 고전 컴퓨터는 100초, 양자 컴퓨터는 10초면 풀 수 있으므로 양자컴퓨터의 승리다.

양자컴퓨터에 기대하는 빠르기는 이런 의미의 빠르기다. 실제로 한 번 계산하는 속도는 현재의 양자컴퓨터보다 고전 컴퓨터 쪽이 훨씬 앞선다. 현대의 개인용 컴퓨터에 탑재된 CPU의 클록 수는 3GHz 정도이므로, 단순 계산으로 1초에 30억 회나 계산을 실행할 수 있지만, (새로운 논문을 찾아보면) 현재 주류인 초전도 양자비트를 사용한 양자컴퓨터는 1초에 1,000만 개 정도의 펄스밖에 포함하지 못한다. 물론 고전 컴퓨터의 클록 수와 양자컴퓨터의 펄스 수는 다른 개념이므로 직접 비교할 수 없다.

장래에 기술이 진보해서 상황이 달라질 가능성도 있지만, 양자컴퓨터가 클록 수라는 의미에서 고전 컴퓨터를 넘어서는 것은 몹시 어려울 것이다. 그런데도 양자컴퓨터가 주목받는 것은 **양자 알고리즘을 사용해서 줄일 수 있는 계산 횟수가 이런 속도 차이를 메우고도 남을 정도로 극적이기 때문**이다.

고전 컴퓨터와 양자컴퓨터의 소인수분해

일례로 소인수분해를 생각해 보자. 15=3×5처럼 표현하는 것이 소인수분해다. 이 정도로 단순한 것이라면 암산으로 해도 순식간에 끝나지만, 예컨대 32,399의 소인수분해는 나름 머리를 써야 한다. 어떤 전략을 세울 수 있을까?

가장 먼저 떠오르는 것은 작은 소수부터 차례로 나눗셈을 하는 것이다. 참고로 이 경우라면 한 자리와 두 자리 소수로는 나누어떨어지지 않고, 세 자리 소수에 돌입해야만 179×181이라는 답을 얻는다. 이 방법으로는 주어진 정수 자릿수의 절반 정도인 소수 전부로 나눗셈을 해봐야만 한다. 참고로 숫자가 커지면, 그 숫자가 소수인지를 판단할 필요가 있으므로 결국 그 자릿수에 이르기까지의 거의 모든 소수로 나눗셈을 하게 된다. 그 결과, 2진법에서 N자리 숫자인 자연수를 소인수분해하려면, 최악의 경우에는 $2^{\frac{N}{2}}$회 정도의 계산이 필요하다.

자릿수가 증가하면 필요한 계산 횟수도 기하급수로 증가하므로, 어떤 자릿수에서는 어떻게든 가능했다고 해도 조금만 자릿수가 증가하면 현실적으로는 실행할 수 없다. 실제로 이런 알고리즘이라면, N이 20 증가하면 계산 횟수가 약 1,000배가 된다. 예를 들어서 2진법으로 1만 자리 정수의 소인수분해에 1년이 걸렸다고 하면, 1만 20자리 정수의 소인수분해는 약 1,000년이 걸리므로 실행할 수 없다. 물론 고전적인 소인수분해 알고리즘은 연구가 잘돼 있어서 이렇게 전부 나누는 것보다 훨씬 현명한 방식으로 해결하지만, 그래도 자릿수가 증가함에 따라 계산 횟수가 기하급수로 증가하는 것은 마찬가지다. 이처럼 문제를 푸는 데 필요한 계산 횟수가 문제 크기에 따라 기하급수로 증가해 버리면, 아무리 빠른 계산기를 사용해도 금방 대응하지 못한다.

한편 양자 알고리즘으로 인수분해하는 방법도 알려져 있다. 1994년에 미국의 이론 컴퓨터 과학자 피터 쇼어가 발견한 '쇼어 알고리즘'이다. 이것은 그렇게 어려운 알고리즘이 아니지만, 제대로 이해하려면 몇 단계로 나눠서 해설해야 하므로 상세한 설명은 다른 책에 양보하겠다. 지금 중요한 것은 소인수분해할 숫자가 커져도 쇼어 알고리즘에서 계산량이 자릿수의 제곱 정도밖에 증가하지 않는다는 사실이다. 이것은 극적이라 할 수 있다. 2^N과 N^2을 비교해 보면 알 수 있지만, N이 20배가 되면 2^N은 약 100만 배가 되고, N^2은 400배밖에 되지 않는다. 글자 그대로 자릿수가 다르다. 그러므로 쇼어 알고리즘을 적용하면 N이 커져도 소인수분해에 걸리는 시간은 그렇게 많이 늘어나지 않는다. 그 결과, 만일 작은 N에서는 고전 계산기 쪽이 빨랐다고 해도 N이 커지면 확실히 양자컴퓨터 쪽이 빨리 풀 수 있다.

참고로 여기서 서술한 '거대한 숫자의 소인수분해는 어렵다.'라는 사실이 현대 인터넷의 안전한 통신을 뒷받침한다. 실제 인터넷으로 신용카드 번호를 입력할 때 사용하는 RSA 암호에서는 큰 소수 둘을 곱해서 얻은 거대한 정수를 사용해서 암호화한다. 이 암호는 암호화에 사용한 숫자의 소인수를 알고 있으면 풀 수 있다. 그러므로 암호에 사용하는 거대한 정수의 소인수분해를 간단하게 실행할 수 있다면, 인터넷에 있는 신용카드 번호와 비밀번호 등을 마음대로 읽을 수 있다. 물론 고전 컴퓨터가 주류인 지금은 큰 숫자의 소인수분해가 사실상 불가능하므로, 통신 안전성을 확보할 수 있는 것이다. 만일 고속 양자컴퓨터가 완성돼 쇼어 알고리즘을 실제로 사용한다면, 사회를 지탱하는 암호 기술이 무효가 된다. 쇼어 알고리즘이 매우 큰 영향을 줄 수 있는 이유는 바로 이것이다.

양자 초월성

이처럼 양자컴퓨터의 이점은 문제의 복잡함이 증가해도 고전 알고리즘과 비교해서 계산 횟수가 극적으로 완만하게 증가하는 데 있다. 이것이 앞에서 이름만 등장했던 '양자 초월성'이다. 이제까지 한 설명에서도 직감적으로 알았겠지만, 양자 초월성은 이론적으로는 틀림없이 성립한다고 여겨진다. 그 비밀은 앞 장에서도 강조한 '중첩'과 '얽힘'에 있다.

우선 포인트가 되는 것은 243쪽에서도 강조했지만, 중첩 상태에 있는 양자비트가 유지할 수 있는 압도적인 정보량이다. 이런 중첩 상태를 한 번에 변형하는 조작은 고전 컴퓨터가 보기에 거대한 병렬 계산과 같다. 중첩으로 발생하는 병렬 계산이 계산 횟수를 줄여주는 것이다. 이런 병렬 계산을 뒤에서 지탱하는 것이 양자비트 사이의 얽힘이다.

오키나와에서 관측한 결과가 홋카이도의 전자에 영향을 준 것처럼,

얽힌 양자 상태에서 양자 하나를 작용하면 그 영향이 양자계 전체에 퍼진다. 조작 한 번으로 여러 양자비트를 변형할 수 있는 것은 이런 이유 때문이다. 양자컴퓨터의 빠르기는 양자의 가장 큰 특성인 중첩과 얽힘의 결과인 것이다.

양자 계산의 실행 결과를 알 때도 중첩이 활약한다. 양자역학의 관측 결과는 확률적으로 결정되므로, 기껏 양자 계산을 실행해도 답 외의 '쓰레기 상태'가 함께 중첩해 있다면, 관측 결과가 쓰레기인지 답인지 알 수 없다. 양자 계산이 그림의 떡과 같은 상태가 되는 것이다. 알고리즘 종류에 따라 다르지만, 중첩에 의한 간섭을 이런 문제를 해결하는 데 사용하면 효과적이다.

양자비트는 상태 벡터이므로 파동성을 지닌다. 42쪽에서 본 빛의 간섭에서는 파동의 마루와 마루가 중첩한 장소에서 빛이 강하게 밝아졌는데, 마찬가지로 상태 벡터를 적절하게 중첩해서 계산 답에 해당하는 양자 상태만 강화하자는 것이 이런 알고리즘의 아이디어다. 이 아이디어를 활용하면 양자 상태를 관측해도 높은 확률로 올바른 결과를 얻을 수 있다.

이처럼 '잘 작동하는' 양자 알고리즘은 양자가 지니는 중첩과 얽힘 특성을 능숙하게 이용해서 고전 알고리즘보다 효율적으로 계산을 실현한다. 많은 사람이 이런 이론적 고찰을 바탕으로 예상하길, 양자 초월성은 틀림없이 달성될 것이라고 한다. 다만 실제 양자컴퓨터로 증명하지 않는 이상, 이 역시 예상에 불과하다. 2019년에 보도된 '구글이 양자 초월성을 증명한 것 같다.'라는 뉴스가 주목받은 것은 이런 이유 때문이다. 경쟁사인 IBM의 반론도 있으므로 확정된 것은 아니지만, 아마도 상당히 가까운 장래에 더 강한 주장이 나올 것이다. 양자 초월성이 실제로 증명되면, 이는 양자컴퓨터 실현을 향한 큰 이정표가 될 것이다.

양자컴퓨터는 고전 컴퓨터를 몰아낼까?

지금이라면 '양자컴퓨터는 고전 컴퓨터보다 빠를까?'라는 물음에 '문제와 알고리즘과 기술 진보에 따라 다르다.'라고 답한 이유를 알았으리라 생각한다. 양자컴퓨터가 그 위력을 발휘하는 영역은 분명하다. 고전 알고리즘으로 해결하는 데 방대한 시간이 걸리는 문제의 계산 횟수를 크게 줄여주는 양자 알고리즘이 존재하는 영역이 있다. 그 영역에서 양자컴퓨터는 큰 위력을 발휘한다.

현재 개발된 양자컴퓨터의 속도 정도라면, 고전 알고리즘으로 충분히 빨리 풀 수 있는 문제를 일부러 양자컴퓨터로 풀 필요가 없다. 고전 컴퓨터 이상으로 계산 능력이 빠르다 해도 양자컴퓨터가 어떤 문제라도 바로 답을 낼 수 있는 꿈의 만능 머신은 아니다.

여기에 더해서 이제까지 알려진 고전 알고리즘이 그 문제를 해결하는 최적의 고전 알고리즘이라고 단정할 수도 없다. 여기에는 많은 실제 사례가 존재한다. 추천 시스템, 즉 '과거 이력을 가지고 가장 적합한 상품과 콘텐츠를 발견한다.'라는 작업을 실행하는 알고리즘은 원래 양자 알고리즘 쪽이 우위일 것이라 알려져 있었다. 하지만 이런 양자 알고리즘에 자극을 받아서 고전 알고리즘을 수정한 결과, 계산 횟수가 양자 알고리즘과 동등한 새로운 고전 알고리즘을 구축할 수 있었다. 이렇게 되면 양자컴퓨터를 사용할 이점이 없어진다. 극단적으로 말하면 (있을 수 없다고는 생각하지만) '양자 알고리즘과 같은 계산량을 가진 고전 알고리즘이 반드시 존재한다.'라는, 즉 양자컴퓨터의 존재 가치를 위협하는 수학적인 정리가 없다고 단정할 수도 없다.

한편에서는 양자물리와 양자화학, 기계학습 등의 분야에서 양자 알고리즘이 명백하게 유효하다고 여겨지는 문제가 많이 보고됐다. 앞으로 수백 양자비트 정도를 연결한 중급 규모의 양자컴퓨터가 등장하면, 이런 문제 영역에서는 고전 컴퓨터보다 양자컴퓨터 쪽이 우위에 설 가능성이 크다고 (적어도 필자는) 예상한다. 다만 그렇다고 해도 쇼어 알고리즘이 힘을 발휘해서 현재의 암호 기술을 무효로 만들기에는 장치 규모가 지나치게 작다. 그런 의미에서 현재의 인터넷 통신은 당분간 안전하다고 할 수 있다.

이처럼 고전 컴퓨터와 양자컴퓨터에 장단점이 있는 이상, 적어도 앞으로 십수 년 정도는 모든 계산기를 양자컴퓨터가 대체하는 사태가 벌어지지 않을 것이다. 그런 정세가 뒤집힌다면, 다음에 설명하는 오류 정정 원리가 양자컴퓨터에 적용됐을 때일 것이다.

양자컴퓨터의 과제와 미래

현재 양자컴퓨터의 가장 큰 문제는 외적인 요인으로 발생하는 오차에 약하다는 것이다. 여러 번 강조했듯이 양자 계산의 핵심은 양자비트의 중첩과 얽힘이다. 이런 상태는 매우 민감하다. 양자비트가 열이나 전자기파와 같은 외적 요인에 노출되면, 관측했을 때와 같이 대량의 양자 사이에 상호 작용이 발생해서 중첩과 얽힘이 해제돼 버린다. 양자 계산을 진행하는 도중에 이런 일이 일어나면, 양자비트는 상정하지 못한 상태로 변해버리고 올바른 답을 얻을 수 없게 된다.

그런데 비슷한 일이 고전 컴퓨터에서도 일어난다. 고전 컴퓨터에서는 어떻게 대응했을까? 고전 비트에 에러가 발생할 때마다 원래대로 되돌려놓는 것으로 해결한다. 원리는 간단해서 여러 고전 비트를 세트로 묶고, 이를 마치 비트 하나인 것처럼 다룬다.

예를 들면 비트 3개를 세트로 묶었다고 하면, 올바른 계산을 처리하는 이상 이 세 비트는 항상 같은 값을 유지한다. 만일 계산 도중에 어떤 오류가 생겨서 값 3개 가운데 하나가 다른 것들과 달라지면, 그 하나를 다른 값 2개에 맞추면 된다. 오류가 두 비트에 동시에 발생할 확률은 하나에만 발생할 확률보다 훨씬 낮으므로, 이런 방법으로 오류를 상당히 억제할 수 있다. 물론 세트로 묶은 비트의 개수가 늘어나면 그만큼 오류에 강해진다. 이 원리를 '오류 정정'이라 부른다. 우리가 평소에 컴퓨터의 계산 실수를 상정하지 않고, 안심하고 인터넷에서 쇼핑이나 서류 작성을 할 수 있는 것도 컴퓨터가 오류 정정 시스템을 갖췄기 때문이다.

양자컴퓨터라면, 양자역학에 '상태 벡터의 복사본을 만들 수 없다.'라는 일반적인 성질이 있어서 '같은 양자비트를 대량으로 준비한다.'라는 방법을 사용할 수 없다.(증명은 권말 부록을 참조하길 바란다.) 그 대신에 '토폴로지'라고 부르는 수학 구조를 교묘하게 사용하는 등 양자비트에 발생한 오류를 원래대로 되돌리는 방법이 몇 가지 제안돼 있어서 **양자 오류 정정**이라는 이름으로 부른다. 양자 오류 정정의 전략은 고전 컴퓨터의 오류 정정과는 근본적으로 다르지만, 여러 양자비트를 사용해서 오류를 제어하는 점은 같다. 그래서 오류 걱정 없이 양자 계산을 실행하려면, 완전히 새로운 오류 정정 원리를 발견하지 않는 이상, 수천 양자비트를 탑재한 장치가 필요하다.

한편 현재 양자컴퓨터는 최첨단의 단품 기계라도 수십 양자비트 정도의 규모다. 이 정도라도 몇 년 전과 비교하면 현격한 진보이지만, 아쉽게도 이 정도 소규모 양자컴퓨터로는 양자 오류 정정 시스템을 탑재할 여유가 없다. 양자 오류 정정을 탑재할 수 있는 수천 양자비트를 구현하려면, 양자비트 집적화 같은 기술적인 문제가 산적해 있어서 최소 20년은 걸릴 것이라 한다. 그래서 현재 양자컴퓨터 연구는 양자적인 노이즈를 어느 정도 인정하고, 수십에서 수백 정도의 양자비트를 탑재한 장치인 NISQ(Noisy Intermediate-Scale Quantum) 디바이스를 만들어서 노이즈 영향이 작용하기 힘든 문제에 한정해서 양자컴퓨터의 우위성을 검증하자는 방향으로 진행되고 있다.

필자가 생각하기에 이런 방향성으로 연구가 진행되는 동안에 양자 디바이스의 성능은 가속도가 붙어 진화할 것이다. 고전 컴퓨터의 CPU도 최근 20년 남짓한 기간에 1,000배 가까이 빨라졌다. 지금은 고전 컴퓨터와 비교할 수 없을 정도로 느린 양자 디바이스이지만, 일단 유용성을 입증해서 상용화하면, 개발 속도가 매우 빨라져서 처리 속도는 점점 고전 컴퓨터에 가까워질 것이다. 아마도 그 상태에 도달할 무렵에는 양자컴퓨터에 드디어 오류 정정 시스템이 탑재될 것이다. 그렇게 되면 상황은 확 달라진다.

전압으로 비트 정보를 기록하는 고전 컴퓨터와 달리 많은 양자컴퓨터가 전류로 인한 발열이 적다. 소비 전력이 작고, 빠르기도 손색없으며, 오류 제어 시스템도 있다. 고전 알고리즘의 상위 호환인 양자 알고리즘을 실행할 수 있는 장치와 전력을 대량으로 소비하는데도 양자 계산의 혜택을 누리지 못하는 고전 컴퓨터를 비교하면 승부는 뻔하다. 앞으로 수십 년 정도는 고전 컴퓨터도 계속 사회에서 중요한 역할을 하겠지만, 언젠가는 그것도 종말을 맞이할 것이다. 주류 운송 수단이 증기기관에서 내연기관과 전기기관으로 대체된 것처럼, 조명이 백열등에서 형광등으로 바뀌다가 결국에 LED로 대체된 것처럼 양자컴퓨터가 모든 계산기를 대체하는 미래는 반드시 온다.

그 시대를 사는 사람들은 매사를 보는 관점이 지금과 완전히 다를 것이다. 생활 속에 양자컴퓨터가 들어와서 초등학교에서부터 양자 계산을 배우고, 여러 물리현상도 당연하다는 듯이 양자 시점으로 설명한다. 이것들은 분명히 머리말에서 서술한 양자 경험이다. 이런 경험을 거쳐 길러진 직감은 고전물리학으로 길러진 직감과는 전혀 다를 것이다. 100년 후 태어날 때부터 양자를 접한 아이들이 어떤 눈으로 우주를 바라보며, 어떤 세상을 만들어갈지 무척 기대된다. 이 책이 그런 시점을 상상하는 첫걸음이 되기를, 그리고 그 시대가 좋은 시대이기를 바라면서 긴 이야기를 끝내려 한다. 마지막까지 읽어주신 여러분께 감사 인사를 드린다.

양자를 당연하게 받아들이는
시대가 도래한다

"상대성이론과 양자역학 중 어느 쪽이 더 어렵습니까?"

가끔 받는 질문 가운데 하나인데, 고민할 여지조차 없다. 양자역학이 압도적으로 어렵다. 상대성이론의 바탕에는 '보이는 것'='존재하는 것'이라는 예전 고전물리학의 발상이 살아 있지만, '보이는 것이 세상의 실체는 아니다.'라고 생각하는 양자역학에서는 '존재란 무엇일까?'라는 답을 찾기 어려운 철학적 질문이 항상 따라다닌다.

이것은 상대성이론이 아인슈타인이라고 하는 거장 한 사람에 의해 만들어진 것과 달리, 양자역학의 완성에 관계한 사람이 매우 많기 때문이다. 이 책에서 소개한 바대로 주요 인물을 생각나는 열거해도 플랑크, 아인슈타인, 보어, 드브로이, 하이젠베르크, 슈뢰딩거, 보른, 데이비드 봄, 페르미, 폴 디랙, 도모나가, 파인먼 등 솔직히 다 열거할 수도 없을 만큼 많다. 발전 역사를 보더라도 상대성이론은 거의 한 방향으로 완성됐지만, 양자역학은 완성하기까지 연구자들이 격론을 벌이고 때로는 헤매기도 했다. 양자역학은 다듬어가며 만들어진 것이다. 중첩 원리에 반대한 슈뢰딩거의 일화나 양자역학 자체를 불완전하다고 단정한 아인슈타인의 논의는 본문에서 소개한 대로다. 배우는 사람의 시점에서 본다면, 어느 정도 준비하면 역사대로 배울 수 있는 상대성이론과 역사대로 배우면 틀림없이 혼란에 빠지고, 준비하려고 생각하면 철학적인 질문과 직감이 미치지 못하는 수학이 앞을 가로막는 양자역학 중 어느 쪽이 어려울지는 말할 필요도 없을 것이다.

이런 역사를 지닌 양자역학이므로, 양자를 모르는 사람에게 그 내용을 쉽게 설명하는 것은 매우 어려운 일이다. 경로적분법의 창시자인 파인먼조차 "양자역학을 이해하는 사람은 아무도 없다."라고 말했는데, 이는 단순히 멋을 내려고 꺼낸 말이 아니다. 대학에서 양자역학을 배울 때는 '의미를 깊게 생각하지 말고 무조건 계산해라.'라는 태도를 권장할 정도다.(받아들이기 어렵겠지만, 이것이 확실한 지름길이다.) 20세기의 양자역학은 세련된 계산 방법으로 관측 결과를 완벽하게 설명할 수 있지만, 직감적으로는 이해할 수 없다거나 직감적으로 이해해서는 안 되는 체계로 발전했다고 해도 과언이 아닐 것이다.

내가 이 책을 쓰려고 결심한 것은 이렇게 양자역학을 이해하지 못하는 시절이 길게 계속되지 않으리라 생각했기 때문이다. 양자의 섭리는 우주의 섭리다. 그런데도 직감적으로 이해할 수 없는 것은 단지 지금 우리가 양자의 섭리로 세상을 보고 있지 않기 때문이다. 인류의 직감을 뒷받침하는 자연관은 이런 이야기를 하는 동안에도 계속 새로 고쳐지고 있다. 언젠가 분명히 양자의 섭리가 인간의 직감을 뒷받침하는 시절이 올 것이다.

이런 생각은 최근에 양자컴퓨터의 발전을 목격하면서 더 강해졌다.

마지막 장에서도 소개했지만, 양자컴퓨터는 양자의 섭리를 직접 사용하는 계산기다. 불과 몇 년 전까지는 예비 실험 수준이었지만, 지금은 소규모이기는 해도 진짜 양자컴퓨터가 클라우드 형태로 일반에 공개돼 있고, 인터넷으로 프로그램을 실행할 수도 있다! 이것은 충격적인 일이다. 양자컴퓨터에서 사용하는 프로그래밍 언어는 아직 고전 컴퓨터만큼 완전하게 갖춰지지 않았지만, 그래도 어느 정도 공부하면 양자컴퓨터에 명령을 내려서 양자비트의 동작을 목격할 수 있다.

오해의 소지는 있지만, 양자 그 자체를 직접 손으로 조작할 수 있다고 말할 수 있다. 이는 양자역학 연습 문제를 '의미를 생각하지 말고 그냥 계산'하는 것보다 양자를 훨씬 직접 체험하는 일이다. 양자의 상태 벡터인 양자비트는 당연한 듯이 중첩하고 얽히며, 당연한 듯이 확률적인 답을 내놓는다. 이렇게 당연함을 반복하면, 확실하게 양자를 직감적으로 이해하는 것으로 이어진다.

가까운 미래에 반드시 나타날 전문적인 양자 프로그래머는 양자의 섭리에 따라 알고리즘을 만들고 양자의 섭리에 따라 프로그램을 작성해야 하지만, 다음 세대에서는 틀림없이 이런 것을 직감으로 처리할 수 있을 것이다. 그들에게 양자는 당연한 존재일 것이다. 그 시대의 사람들은 양자컴퓨터의 움직임을 보여주며 "이게 양자야. 중첩하지 않으면 이렇게 되지 않겠지?"라고 말할 테고, 양자역학의 핵심을 설명하는 일은 그것으로 끝이다. 현대에서는 불가능한 '양자를 모르는 사람에게 그 내용을 쉽게 설명하는 일'이 가능해지는 것이다. 머리말에서 언급한 대로 양자를 단순히 이상하다고 생각하기만 하던 시절은 이제 곧 끝난다. 이 문장조차 그 시대가 되면 낡은 이야기로 들릴 것이다.

그렇다고 하더라도 아직은 과도기다. 양자컴퓨터의 성능은 아직 충분하지 않다. 지금 양자를 이해하고 싶다면 역시 자연계로 눈을 돌리는 것이 정답이다. 이것은 어떤 학습에서도 마찬가지이지만, 우선 눈에 보이는 자연을 잘 관찰하고 거기서 얼핏 보이는 패턴과 지식을 맞대어 이치를 익히고, 그 경험을 바탕으로 다시 자연을 관찰한다. 이런 피드백을 동반하는 순환 작업이 '올바른 경험'이다. 그리고 이것은 시대가 발전해서 양자컴퓨터가 당연한 존재가 돼도 마찬가지일 것이다. 양자컴퓨터는 분명히 이해를 앞당겨주지만, 역시 진짜는 자연에 있다. "요즘 젊은것들은 컴퓨터만 들여다보고는 다 아는 것처럼 생각하지만, 정말로 양자를 알고 싶으면 자연을 관찰해야만 해!"라고 말하는 미래의 할아버지가 눈에 선하지만, 그래도 그 말은 맞는 말이다.

나는 그런 '올바른 경험'의 지침이 될 수 있게 이 책을 구성했다. 본문에 설명한 파동과 입자의 이중성, 행렬과 벡터를 사용한 양자 기술 모두가 자연계를 표현하는 데 필요해서 필연적으로 도달한 인류의 지혜다. 표현 방식이 다른 여러 양자역학이 존재하는 것도 과학이 현상을 설명하는 체계라는 정통적인 태도를 진지하게 밀어붙인 결과다.

보통 이렇게 어려운 내용은 일반인을 위한 책에는 쓰지 않는지도 모르겠지만, 이 부분을 있는 그대로 정면에서 받아들이지 않으면 양자에 도달할 수 없다고 생각했기 때문에, 일부러 중심 화제로 다뤘다. 성공적일지는 시대의 심판을 거쳐야 알 수 있겠지만, 이것이 '양자를 당연한 것'으로 받아들일 수 있는 길이라고 믿는다.

지면 사정상 생략해야만 했던 내용도 많다. 가장 대표적인 것이 애초 계획에서는 다룰 예정이었던 양자장론이다. 양자역학부터 '양자장론'에 이르는 과정도 평탄하지는 않았다. 양자역학보다 한층 더 혼란했던 양자장론은 현재 입자물리학의 기초 이론으로 받아들여지지만, 예전에는 '의미 없는 이론이다.'라는 소리를 들으며 거의 죽어 있던 시절도 있었다. 지금 생각하면 그런 역사도 절반 정도 필연이었으며, 그 시점을 알게 되면 양자역학을 이해하는 정도도 한층 깊어질 것이다. 이 책에서 다루지 못한 것은 역시 아쉽다. 흥미가 있는 분은 양자장론도 꼭 공부하길 바란다.

마지막으로 필자의 전작부터 담당하며 조언을 아끼지 않은 편집부, 집필 과정에서 소중한 의견을 주고 응원해 준 많은 분들, 의미 있는 논의를 하면서 항상 자극을 준 공동 연구자 여러분, 모든 상황에서 음으로 양으로 지원을 아끼지 않으신 부모님, 아내, 아이들, 여기에 다 쓰지 못했지만 지금까지 필자와 관계를 맺어주신 모든 분께 감사드린다.

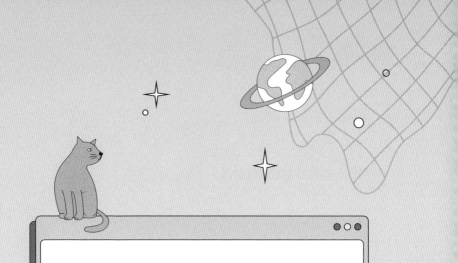

부록

더 깊은 양자 공부를 위한 9가지 수학 개념

1. 벡터와 행렬의 에르미트 켤레

지금 벡터 $\vec{v}$를

$$\vec{v} = \begin{pmatrix} v_1 \\ \vdots \\ v_N \end{pmatrix} \tag{1}$$

처럼 세로 벡터로 표시하기로 한다. 성분은 일반적으로 복소수다. 그리고 이것과 짝을 이루며 '에르미트 켤레'라 불리는 가로 벡터를

$$\vec{v}^\dagger = (v^*1, \cdots, v^*_N)$$

으로 정의한다. 오른쪽 위에 붙은 기호 $\dagger$는 대거라 읽으며 에르미트 켤레를 나타내는 일반적인 기호다.(당연히 $\vec{v}^{\dagger\dagger} = \vec{v}$) 앞으로 특별히 언급하지 않을 때는 벡터와 행렬의 사이즈는 N으로 한다.

왜 이런 것을 도입하냐고 하면, 복소 벡터의 길이를 나타내기에 편리하기 때문이다. 실제로 벡터와 그 에르미트 켤레의 통상적인 내적 $\vec{v}^\dagger \cdot \vec{v}$은 양의 실수이며, 벡터 $\vec{v}$의 길이의 제곱이다. 에르미트 켤레는 복소 벡터의 벡터 길이를 측정하려면 지극히 자연스럽게 등장하는 개념이다. 본문 중에서 서술한 내적은 정식으로 '에르미트 내적'이라 부르며, 종종 다음과 같은 기호를 사용해서 나타낸다.

$$\langle \vec{v}, \vec{w} \rangle = v_1^* w_1 + \cdots + v^*_N wN = \vec{v}^\dagger \cdot \vec{w}$$

참고로 에르미트 켤레는 행렬로 정의할 수도 있어서, 행렬 $\hat{A}$과 그 에르미트 켤레 $\hat{A}^\dagger$는 다음과 같이 정의한다.

$$\hat{A} = \begin{pmatrix} A_{11} & \cdots & A_{1N} \\ \vdots & \ddots & \vdots \\ A_{N1} & \cdots & A_{NN} \end{pmatrix}, \ \hat{A}^\dagger = \begin{pmatrix} A_{11}^* & \cdots & A_{N1}^* \\ \vdots & \ddots & \vdots \\ A_{1N}^* & \cdots & A_{NN}^* \end{pmatrix} \tag{2}$$

단순하게 성분의 켤레복소수를 취한 것뿐만 아니라, 행과 열이 뒤집힌 점에 주의하자. 이것은 세로 벡터가 가로 벡터가 되는 것과 같다. 즉 에르미트 켤레란 '뒤집어서 켤레복소수를 취한' 조작이다.

2. 매우 편리한 벡터 표현법 -디랙의 브라켓-

여기서 양자역학이라기보다 선형대수를 다룰 때 매우 편리한 벡터 표기법을 소개한다. 본문에도 등장하지만, 벡터 $\vec{v}$와 그 에르미트 켤레 $\vec{v}^\dagger$를 다음과 같은 기호로 표시한다.

$\vec{v} \leftrightarrow |v\rangle$: '켓' 벡터

$\vec{v}^\dagger \leftrightarrow \langle v|$: '브라' 벡터

디랙이 도입한 이 기묘한 명명법은 에르미트 내적을 나타내는 괄호braket의 기호 $\langle \vec{v}, \vec{w} \rangle$에서 왔다. 괄호의 왼쪽 절반을 'bra' $\langle v|$, 오른쪽 절반을 'ket' $|w\rangle$이라 생각한 것이다. 벡터를 나타내는 화살표도 귀찮아서 제거해 버렸다.

이 기호의 편리함은 손으로 계산해 보면 금방 알 수 있다. 원래 벡터와 그 에르미트 켤레는 같은 정보를 가진 쌍이며, 중요한 것은 가로 벡터냐 세로 벡터냐다. 원래 사용하던 $\vec{v}$, $\vec{v}^\dagger$라는 기호에서는 그 차이가 명확하지 않다. 예를 들어서, 에르미트 내적은 $\langle \vec{v}, \vec{w} \rangle = \vec{v}^\dagger \cdot \vec{w}$가 맞지만, 이것을 그만 $\vec{w}^\dagger \cdot \vec{v}$라고 기술해 버려도 틀린 것을 잘 알아차리지 못한다. 하지만 브라켓 표기법이라면, $\langle \vec{v}, \vec{w} \rangle = \langle v | w \rangle$이므로 틀릴 수가 없다. 필자는 고등학교 수학에서도 벡터를 브라켓으로 가르치면 좋을 것이라 몰래 생각하고 있다.

3. 기저 벡터와 행렬 성분

지금 다음과 같은 N개의 벡터를 생각한다.

$$|e_1\rangle = \begin{pmatrix} 1 \\ 0 \\ \vdots \\ 0 \end{pmatrix}, \ |e_2\rangle = \begin{pmatrix} 0 \\ 1 \\ \vdots \\ 0 \end{pmatrix}, \ |e_N\rangle = \begin{pmatrix} 0 \\ 0 \\ \vdots \\ 1 \end{pmatrix} \tag{3}$$

당연하지만, (1)과 같은 벡터 $|v\rangle(\vec{v})$는 $\{|e_i\rangle\}$의 선형결합으로 나타낼 수 있다.

$$|v\rangle = v_1 |e_1\rangle + \cdots + v_N |e_N\rangle$$

또한, (2)와 같이 표현되는 행렬 $\hat{A}$의 성분은

$$A_{ij} = \langle e_i | \hat{A} | e_j \rangle$$

라고 표현할 수 있는 것도 알고 있을 것이다. 이처럼 임의의 벡터를 벡터의 일차결합으로 나타낼 수 있는 N개의 벡터 조를 '기저'라고 부른다. 벡터와 행렬 성분이란 기저로 분해했을 때의 값일 뿐이다.

이것은 기저를 바꾸면 벡터와 행렬의 성분도 바뀌는 것을 의미한다. 사실상, (3)에서 주어진 $\{|e_i\rangle\}$는 기저의 전형적인 예이지만, 이것이 유일한 기저는 아니다. 예를 들어서 $\{|b_i\rangle\}$를 기저라고 하면, 벡터 $|v\rangle$는 $\{|b_i\rangle\}$의 선형결합으로

$$|v\rangle = v'_1 |b_1\rangle + \cdots + v'_N |b_N\rangle$$

처럼 나타낼 수 있는데, 일반적으로 $\{v'_i\}$은 $\{v_i\}$과 다르다. 행렬 $\hat{A}$의 성분도

$$A'_{ij} = \langle b_i | \hat{A} | b_j \rangle$$

가 된다. 증명은 생략하지만, 적당한 선형결합을 다시 취하면 모든 기저 벡터의 길이가 1이고, 다른 기저 벡터 사이의 에르미트 내적이 0이 되는 $\{|b_i\rangle\}$를 선택할 수 있다. 즉

$$\langle b_i | b_j \rangle = \delta_{ij} = \begin{cases} 1 & (i=j) \\ 0 & (i \neq j) \end{cases} \tag{4}$$

이다. 여기서 갑자기 등장한 δ_{ij}는 i와 j가 같을 때는 1, 그 외에는 0이 되는 것을 나타내는 편리한 기호이며, '크로네커 델타'라고 부른다. 이것은 정말 편리해서 앞으로도 사용하도록 하자. 이처럼 조건을 만족하는 기저를 특히 '정규직교기저'라고 부른다. 앞으로 특별히 언급이 없다면, 기저는 정규직교기저를 지칭한다.

4. 고윳값과 고유 벡터

지금 $\hat{A}$이라는 행렬이 있다고 하자. 행렬은 일반적으로 벡터를 선형 변환하는데, $\hat{A}$의 작용에 따라 상수배(a)만큼만 변하는 특별한 벡터가 존재한다. 그런 벡터를 $|a\rangle$로 기술한다고 하면,

$$\hat{A}|a\rangle = a|a\rangle$$

이다. 이때 벡터 $|a\rangle$를 행렬 $\hat{A}$의 고유 벡터, 값 a를 고윳값이라 부른다. 대체로 한 행렬 $\hat{A}$에 대해 고윳값과 고유 벡터는 여럿 존재하지만, 여기서는 일차독립인 고유 벡터가 행렬 사이즈와 같은 N개인 경우, 즉 고유 벡터가 기저 벡터인 경우만을 생각한다.(소위 말하는 '대각화 가능'이라는 성질이다.) 앞의 용어를 사용한다면, 고유 벡터는 정규직교기저가 되는 것이다. 물론 수학적으로 그런 행렬만 있는 것은 아니지만, 양자역학 초보 단계라면 이런 상황을 생각하는 것만으로도 충분하다.

앞에서 행렬 성분은 기저에 따라 달라진다고 서술했는데, 고유 벡터를 기저로 선택하면 행렬 성분은

$$\langle a_i|\hat{A}|\,a_j\rangle = a_i\delta_{ij} = \begin{cases} a_i & (i=j) \\ a_i & (i\neq j) \end{cases} \tag{5}$$

처럼 돼 대각행렬만이 성분을 가진다는 특별한 표시가 된다.

5. 측정치와 고윳값

행렬 $\hat{A}$을 물리량에 대응하는 행렬이라고 하자. 이 물리량을 실제로 측정하면, 통상적으로는 측정할 때마다 다른 값이 관측된다. 이는 본문에서 서술한대로다. 실은 이런 설명의 배경에는 '고윳값'이 숨어 있다.

고유 벡터는 기저가 된다고 가정하므로, 상태 벡터 $|\psi\rangle$는

$$|\psi\rangle = \psi_1|a_1\rangle + \cdots + \psi_N|a_N\rangle \tag{6}$$

처럼 행렬 $\hat{A}$의 고유 벡터의 합으로 나타낼 수 있다. 물론 ψ_i는 복소수다. 상태 벡터는 길이가 1이므로, ψ_i는

$$\langle\psi|\psi\rangle = \sum_{i=1}^{N}\sum_{j=1}^{N}\psi_i^*\psi_j\langle a_i|a_j\rangle = \sum_{i=1}^{N}|\psi_i|^2 = 1$$

을 만족한다.(식(4)를 사용) 이때 양자역학에서 이 물리량을 측정하면 고윳값 $a_i(i=1, \cdots, N)$ 가운데 하나로 측정되고, 그 확률은 $|\psi_i|^2$이라고 생각한다. 본문에서 서술한 대로, 실제로 관측했을 때의 $\hat{A}$의 평균값은 기댓값

$$\langle\hat{A}\rangle = \langle\psi|\hat{A}|\psi\rangle = \sum_{i=1}^{N}a_i|\psi_i|^2$$

으로 주어진다고 생각하지만, 이것은 '$|\psi_i|^2$이라는 확률로 a_i라는 값이 측정된다.'라고 생각하는 것과 같다.

6. 위치 행렬과 운동량 행렬의 에르미트 성질

위치와 운동량처럼 관측된 값이 항상 실수인 물리량이 있다. 측정치는 $\hat{A}$의 고윳값에 대응하므로 행렬 $\hat{A}$는 복소수를 성분으로 가지는 행렬이지만, 그 고 윳값 a_i는 실수여야만 한다. 이것은 행렬의 형태에 어느 정도 제한을 가한다.

지금 기저를 $\{|b_i\rangle\}$라고 한다. 물론 행렬 $\hat{A}$의 성분은 $A_{ij}=\langle b_i|\hat{A}|b_j\rangle$이다. 고유 벡터는 기저 가운데 하나이므로, 기저 벡터 $\{|b_i\rangle\}$는 $\hat{A}$의 고유 벡터 $\{|a_i\rangle\}$의 선형 합으로

$$|b_i\rangle=U_{i1}|a_1\rangle+\cdots+U_{iN}|a_N\rangle=\sum_{i=1}^{N}U_{ij}|a_j\rangle$$

처럼 기술할 수 있다. $\{|a_i\rangle\}$과 $\{|b_i\rangle\}$는 (4)를 만족하는 정규직교기저이므로

$$\delta_{ij}=\langle b_i|b_j\rangle=U_{ik}^*U_{jl}\langle a_k|a_l\rangle=U_{ik}^*U_{jk}$$

로부터 행렬 U_{ij}는

$$\sum_k U_{ik}^*U_{jk}=\delta_{jk} \tag{7}$$

을 만족한다. (이런 행렬을 유니터리 행렬이라 부른다.)

여기서 행렬 $\hat{A}$의 성분을 고윳값 a_i와 유니터리 행렬 U_{ij}를 사용해서 나타내 보자.

$$A_{ij}=\langle b_i|\hat{A}|b_j\rangle=\sum_{k,l=1}^{N}U_{jk}^*U_{jl}\langle a_k|\hat{A}|a_l\rangle=\sum_{k,l=1}^{N}U_{ik}^*U_{jl}\,a_l\langle a_k|a_l\rangle$$
$$=\sum_{k=1}^{N}U_{ik}^*U_{jk}a_k \tag{8}$$

$\hat{A}$의 고윳값은 실수이므로, $a_k^* = a_k$이다. 여기서 A_{ij}의 켤레복소수를 취해 보자.

$$A_{ij}^* = \left(\sum_{k=1}^N U_{ik}^* U_{jk} \, a_k\right)^* = U_{ik} U_{jk}^* \, a_k^* = U_{jk}^* U_{ik} \, a_k \tag{9}$$

이 식을 (8)과 비교하면, $A_{ij}^* = A_{ji}$인 것을 알 수 있다. 이 결과와 (2)를 비교하면, 고윳값이 실수인 행렬 $\hat{A}$는 자신과 에르미트 켤레가 같은 행렬

$$\hat{A}^\dagger = \hat{A} \tag{10}$$

인 것을 알 수 있다. 이런 행렬을 '에르미트 행렬'이라 한다. 즉 위치와 운동량 처럼 측정치가 실수인 물리량을 나타내는 행렬은 에르미트 행렬이어야만 한다.

본문에서도 등장한 정준 교환관계

$$[\hat{X}, \hat{P}] = i\hbar \tag{11}$$

의 우변이 순허수여야만 하는 것도 이런 이유 때문이다. 실제로 이런 관계를 행렬 성분으로 기술하면

$$\sum_k (X_{ik} P_{kj} - P_{ik} X_{kj}) = i\hbar \delta_{ij}$$

인데, $\hat{X}$과 $\hat{P}$이 에르미트 행렬인 것을 주의하면서 식 양변의 켤레복소수를 취하면

$$\sum_k (X_{ik} P_{kj} - P_{ik} X_{kj})^* = \sum_k (X_{ik}^* P_{kj}^* - P_{ik}^* X_{kj}^*)$$
$$= \sum_k (P_{jk} X_{ki} - X_{jk} P_{ki})$$
$$= [\hat{P}, \hat{X}]_{ji} = -i\hbar \delta_{ij}$$

이 된다. $[\hat{X}, \hat{P}] = -[\hat{P}, \hat{X}]$이므로, 이것은 (11)과 완전히 같은 식이다. 이 것은 우변이 순허수라서 켤레복소수를 취하면 부호가 반전하기 때문이다. (11)의 우변에 허수단위 i가 없으면, $\hat{X}$과 $\hat{P}$이 에르미트 행렬인 것과 모순이 돼버린다.

7. 위치와 운동량의 불확정성 관계

정준 교환관계가 성립하면, 위치와 운동량의 불확정성의 곱이 플랑크 상수 이상이 되는 것을 증명할 수 있다.

이후, 상태 벡터를 $|\psi\rangle$라고 하고, 임의의 행렬 $\hat{A}$에 대해 $\langle\psi|\hat{A}|\psi\rangle \equiv \langle\hat{A}\rangle$처럼 생략한다. 그리고 행렬 ΔX와 ΔP를 각각

$$\Delta\hat{X} \equiv \hat{X} - \langle\hat{X}\rangle, \ \Delta\hat{P} \equiv -\langle\hat{P}\rangle \tag{12}$$

라고 정의하자. 실수 t에 대해 $|v(t)\rangle \equiv (\Delta\hat{X} + it\Delta\hat{P})|\psi\rangle$가 성립하는 벡터를 생각하면, 그 길이의 제곱은 정의로부터 0 이상이다. :

$$0 \leq \langle v(t)|v(t)\rangle = \langle\psi|(\Delta\hat{X} + it\Delta\hat{P})(\Delta\hat{X} - it\Delta\hat{P})\psi\rangle$$
$$= \langle\psi|(t^2(\Delta\hat{P})^2 - it[\Delta\hat{X}, \Delta\hat{P}] + (\Delta\hat{X})^2)|\psi\rangle$$
$$= t^2\langle(\Delta\hat{P})^2\rangle - t\langle i[\Delta\hat{X}, \Delta\hat{P}]\rangle + \langle(\Delta\hat{X})^2\rangle$$
$$= \langle(\Delta\hat{P})^2\rangle t^2 + \hbar t + \langle(\Delta\hat{X})^2\rangle$$

두 번째 줄부터 세 번째 줄로 넘어갈 때 (12)를, 마지막 줄로 넘어갈 때 (11)을 사용했다. 마지막 식은 t에 관한 이차식이다. 이것이 항상 0 이상이려면 판별식이 0 이하여야 한다. :

$$D = \hbar^2 - 4\langle (\Delta \hat{P})^2 \rangle \langle (\Delta \hat{X})^2 \rangle \leq 0 \tag{13}$$

$\langle (\Delta \hat{X})^2 \rangle$과 $\langle (\Delta \hat{P})^2 \rangle$은 각각 위치와 운동량의 불확정성인 ΔX, ΔP의 제곱이므로, 이 관계식은

$$\Delta X \cdot \Delta P \geq \frac{\hbar}{2} \tag{14}$$

를 의미한다. 이것이 본문에도 등장한 불확정성 관계다.

8. 해밀턴 형식의 고전역학과 정준양자화

여기서는 해밀턴 형식의 고전역학을 유도해서 본문에도 등장한 하이젠베르크 방정식

$$-i\hbar \frac{d\hat{X}}{dt} = [\hat{H}(\hat{X}, \hat{P}), \hat{X}], \quad -i\hbar \frac{d\hat{P}}{dt} = [\hat{H}(\hat{X}, \hat{P}), \hat{P}] \tag{15}$$

의 유래를 살펴보자. 단, 어려움을 피하고자 위치와 속도를 한 가지 성분으로 제한해서 1차원 운동으로 생각한다. (3차원으로 확장하는 것은 간단하다.)

고전역학의 출발점은 물론 운동방정식 $F=ma$이다. 우변에 등장하는 가

속도 a는 속도 v를 시간으로 미분한 $a=\frac{dv}{dt}$이다. 그리고 속도 v는 위치 x를 시간으로 미분한 $v=\frac{dx}{dt}$이므로, 원래 운동방정식은 $F=m\frac{d^2x}{dt^2}$와 같이 시간으로 두 번 미분한 것이 된다. 이렇게 '2계미분'이라는 구조는 때로 문제를 복잡하게 만든다. 그래서 미분 횟수가 많아서 발생하는 문제를 회피하려고 방정식에 나타나는 시간 미분을 한 개로 하자는 것이 해밀턴 형식이 노리는 바다. (단, 그 대가로 변수는 x, p 두 개가 된다.)

운동량 p는 속도 v와 질량 m의 곱셈 $p=mv$로 정의했던 것을 떠올려보자. 그러면 $a=\frac{dv}{dt}$이므로, 운동방정식의 우변은 ma로 나타낼 수 있다. 한편, 물체에 작용하는 힘은 만유인력이나 용수철의 힘과 같은 '보존력'으로 제한하자. 이런 힘은 반드시 $F(x)=-\frac{dV(x)}{dx}$처럼 '포텐셜 함수'라고 부르는 함수 $V(x)$의 미분으로 나타낼 수 있다. 이상의 내용을 정리하면, $F=ma$는

$$-\frac{dV(x)}{dx}=\frac{dp}{dt} \tag{16}$$

으로 기술할 수 있다.

그런데 속도 v는 위치를 시간으로 미분한 $v=\frac{dx}{dt}$였다. 운동량의 정의 $p=mv$를 한번 더 떠올리면, 이것은 $\frac{p}{m}=\frac{dx}{dt}$로 쓸 수 있다. 여기에 $p=\frac{1}{2}\frac{d(p^2)}{dp}$이라는 (너무 당연한) 관계를 사용하면, 이 식은

$$\frac{d}{dp}\left(\frac{p^2}{2m}\right)=\frac{dx}{dt} \tag{17}$$

로 기술할 수 있다. 참고로 $\frac{p^2}{2m}$은 $p=mv$를 대입하면 $\frac{1}{2}mv^2$이 된다. 물리를 공부하면 반드시 등장하는 '운동에너지'다.

여기서 식(16)과 식(17)의 좌변에 있는 양을 하나로 묶어서

$$H(x, p) = \frac{p^2}{2m} + V(x) \tag{18}$$

로 기술하자. 이것은 물리 세계에서 '해밀토니안'으로 부르는 양이며, 물체가 지닌 역학적 에너지(운동에너지와 포텐셜 에너지의 합)에 해당한다. 이를 사용하면 식(16)과 식(17)은 각각 (좌변과 우변을 바꿔서)

$$\frac{dp}{dt} = -\frac{\partial H}{\partial x}, \quad \frac{dx}{dt} = \frac{\partial H}{\partial p} \tag{19}$$

라는 균형 잡힌 형식으로 기술할 수 있다.($\frac{\partial}{\partial x}$는 편미분, 즉 x 이외는 상수라고 생각하고 미분하라는 기호다.)

일방적이라 미안하지만, 여기에 x와 p의 함수 $A(x, p)$, $B(x, p)$에 대해

$$\{A(x, p), B(x, p)\} \equiv \frac{\partial A}{\partial p}\frac{\partial B}{\partial x} - \frac{\partial A}{\partial x}\frac{\partial B}{\partial p} \tag{20}$$

이라는 기호를 정의한다.(푸아송 괄호라고 부른다.) 그러면 x와 p는

$$\{p, x\} = 1 \tag{21}$$

이라는 관계식을 만족하고, 식(16)과 식(17)은 각각 다음과 같이 기술할 수 있다.

$$\frac{dp}{dt} = \{H(x, p), p\}, \quad \frac{dx}{dt} = \{H(x, p), x\} \tag{22}$$

의도한 대로 시간 미분을 한 개로 만든 대신, 변수가 x와 p 두 개로 늘어났

다. 이것이 해밀턴 형식의 운동방정식, 보통 '해밀턴 방정식'이라 부르는 식이다. 약간의 수학 조작을 사용했지만, 실제로는 단순히 운동방정식을 새로 기술한 것뿐이다.

여기서 해밀턴 형식(고전역학)의 푸아송 괄호(식 21), 해밀턴 방정식(식 22)을 하이젠베르크 형식(양자역학)의 정준 교환관계(식 11), 하이젠베르크 방정식(식 15)과 비교해 보자. 형식이 완전히 일치한다는 사실을 알 수 있다. 실제로 해밀턴 형식에서 출발해서

$$x(t) \rightarrow \hat{X}(t),\, p(t) \rightarrow \hat{P}(t),\, \{\cdot,\cdot\} \rightarrow -\frac{1}{i\hbar}\,[\cdot,\cdot]$$

처럼 위치와 운동량을 행렬로 바꾸고 푸아송 괄호를 행렬 교환자로 바꾸면, 하이젠베르크 형식의 양자역학을 얻을 수 있다. 이런 절차를 거쳐 고전역학에서 양자역학으로 도달하는 방법을 '정준양자화'라고 한다.

9. 양자의 복사 불가능성 정리

양자 세계에서는 양자 상태의 원형을 남긴 채, 그것을 복사할 수 없다. 이것은 다음과 같이 증명할 수 있다.

상태 $|A\rangle$를 복제하려면 $|A\rangle$의 상태를 유지하면서 다른 상태 $|0\rangle$를 $|A\rangle$로 변화시켜야 한다. 양자 상태를 변화시키는 조작은 행렬로 표현하므로, 만일 이런 변화가 가능하다면 '복사 행렬'이라고 불러야 할 행렬 U가 존재해서, 어

떤 상태 벡터 , $|A\rangle$, $|B\rangle$에 대해서도

$$U|A\rangle|0\rangle=|A\rangle|A\rangle, \ U|B\rangle|0\rangle=|B\rangle|B\rangle$$

를 만족할 것이다. 두 식 양변의 에르미트 내적을 취하면

$$\langle 0|\langle B|U^{\dagger}U|A\rangle|0\rangle=\langle B|\langle B| \ |A\rangle|A\rangle$$

이 된다.

일반적으로 양자 상태가 변했다고 해도 전체 확률은 변하지 않는다. 즉 U는 유니터리 행렬이며 $UU^{\dagger}=1$을 만족한다. 이 사실을 주의하면, 이 식은

$$\langle A|B\rangle^2=\langle A|B\rangle$$

와 등가임을 알 수 있다. 이것이 성립하려면 $\langle A|B\rangle=0$ 또는 1이어야 하지만, 이것은 일반적인 $|A\rangle$와 $|B\rangle$에 대해서는 성립하지 않는다. 그러므로 일반적인 양자 상태를 원형을 유지한 채 복제하는 것은 원리적으로 불가능하다.

참고문헌

더 깊이 공부하고 싶을 때, 읽어보면 좋을 책 몇 가지를 소개한다. 단, 여기에 있는 목록 외에도 훌륭한 책은 산처럼 많다. 부디 자신에게 잘 맞는 책을 많이 접하길 바란다.

표준적인 양자역학 교과서

제대로 양자역학을 공부하고 싶은 사람에게 적합한 대표적인 교과서로 읽기 쉽다.

《Modern Quantum Mechanics 3nd edition》, J.J Sakurai·Jim Napoitano, Cambridge University Press, 2020

《量子力学 I, II》, 猪木 慶治·川合 光, 講談社, 1994

《量子力学》, 砂川重信, 岩波書店, 1991

《量子論の基礎ーその本質のやさしい理解のために》, 清水 明, サイエンス社, 2004

양자역학 관련 읽을거리

양자역학의 역사와 사상적 측면에 흥미를 느끼는 사람이 읽으면 좋을 책이다.

《부분과 전체》, 베르너 하이젠베르크, 서커스출판상회, 2020

《양자혁명》, 만지트 쿠마르, 까치(까치글방), 2014

《量子力学と私》, 朝永 振一郎, 岩波書店, 1997

《量子力学的世界像(江沢洋選集 III)》, 江沢 洋·上條 隆志, 日本評論社, 2019

양자컴퓨터 관련 읽을거리

양자컴퓨터는 비교적 새로운 분야지만 일취월장하고 있다. 최근에 나온 책 가운데서 읽기 쉬운 책들을 실었지만, 여러분이 이 책을 읽을 무렵에는 오래된 내용이 됐을 수도 있다.

《驚異の量子コンピュータ:宇宙最強マシンへの挑戦》, 藤井 啓祐, 岩波書店, 2019

《量子コンピュータが本当にわかる!》, 武田 俊太郎, 技術評論社, 2020

찾아보기

옮긴이 전종훈

서울대학교 전기공학부를 졸업한 후 도쿄대학교 문부성 초청 장학생으로 전기공학 석사 학위를 취득했다. 스웨덴과 핀란드로 건너가 약 5년간 거주하며 디자인 공부를 하기도 했다. 현재는 엔터스코리아에서 일본어 전문 번역가로 활동하고 있다. 번역한 책에는《비행기 조종 기술 교과서》《비행기 역학 교과서》《비행기 하마터면 그냥 탈 뻔했어》《비행기 구조 교과서》《선박 구조 교과서》《처음 읽는 양자컴퓨터 이야기》《양자야 이것도 네가 한 일이니》《로봇의 세계》《인공지능의 세계》등이 있다.

직감하는 양자역학
우주를 지배하는 궁극적 구조를 머릿속에 바로 떠올리는 색다른 물리 강의

1판 1쇄 펴낸 날 2022년 9월 27일
1판 2쇄 펴낸 날 2023년 5월 10일

지은이 마쓰우라 소
옮긴이 전종훈
감수 장형진

펴낸이 박윤태
펴낸곳 보누스
등록 2001년 8월 17일 제313-2002-179호
주소 서울시 마포구 동교로12안길 31 보누스 4층
전화 02-333-3114
팩스 02-3143-3254
이메일 bonus@bonusbook.co.kr

ISBN 978-89-6494-577-3 03400

• 책값은 뒤표지에 있습니다.